PATENTES

INCREÍBLES

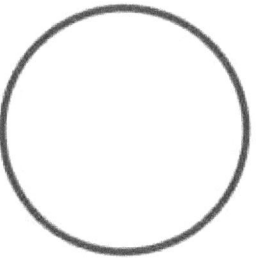

J. Ángel Menéndez Díaz

¿Qué significa el símbolo de la portada?

¿Qué quiere decir ⬡ ?

¿Qué relación tiene con el título?

La solución, más o menos hacia el final del libro.

Patentes increíbles
© J. Ángel Menéndez Díaz 2016
ISBN: 978-1522736523

Patentes Increíbles está inspirado en quien, posiblemente, haya sido uno de los inventores más prolíficos de la Historia, y también uno de mis héroes de la infancia: Wile E. Coyote, más conocido como el Coyote. Un inventor, un emprendedor que, aunque nunca patentaba ninguno de sus inventos, no dejaba de producir invenciones a cual más creativa. Afortunadamente para el Correcaminos, un tipo con mucha suerte, sus inventos nunca lograban su propósito. La mayoría de las patentes que aquí se recogen, podrían ser dignas del mismísimo Coyote e igualmente divertidas.

La mayor parte del contenido de Patentes Increíbles ha sido copiado de los textos originales de las patentes. En el caso de las patentes en inglés me he limitado a traducir lo más fielmente posible algunas de las partes más sustanciosas del documento (en algunos casos con más acierto que en otros). Todas las figuras son reproducciones de las figuras originales de las patentes en cuestión. En resumen, el escaso contenido original de estas páginas se limita a las breves anotaciones hechas después de cada patente, comentándola o introduciendo la siguiente, y poco más. Todo esto no deja de resultar irónico tratándose de un libro sobre patentes. En mi descargo diré que todo el material aquí fusilado es de acceso público y puede ser libremente reproducido, o eso creo, y que todas y cada una de las patentes llevan su referencia, otorgándose el merecido reconocimiento a todos los inventores y autores de estas Patentes Increíbles. Por otro lado, encontrar ente el maremágnum de patentes estas Patentes Increíbles no es que sea muy difícil, pero da su trabajo.

Índice

Patentes, orígenes y primeras patentes

El término patente deriva del latín *"patens, patentis"*, que significa estar abierto o ser accesible, y de la expresión *"letras patentes"*, que eran decretos reales que garantizaban derechos exclusivos a determinados individuos en los negocios. Según estas definiciones, el propósito de una patente es el de inducir al inventor a revelar sus conocimientos para el avance de la sociedad, a cambio de la exclusividad durante un periodo limitado de tiempo. Así, no se trata tanto de recompensar al inventor por haber encontrado algo nuevo sino, sobre todo, de incentivarle para que no guarde en secreto su invento. De esta forma, a la larga, también se obtiene un beneficio para toda la sociedad.

La patente es un privilegio otorgado por el estado, que permite explotar en exclusiva un invento o sus mejoras, a cambio de la divulgación de la invención. Este derecho permite al titular de la patente impedir que otros hagan uso de la tecnología patentada. El titular de la patente es el único que puede hacer uso de la tecnología que se reivindica en la patente o autorizar a terceros a usarla bajo las condiciones que acuerden. Las patentes son otorgadas por los estados durante un tiempo limitado que actualmente, según normas internacionales, es de veinte años (diez para los modelos de utilidad). El modelo de utilidad protege invenciones con menor rango inventivo que las protegidas por patentes. Por ejemplo, dar a un objeto una configuración o estructura de la que se derive alguna utilidad o ventaja práctica. El dispositivo, instrumento o herramienta protegible por el modelo de utilidad se caracteriza por su utilidad y practicidad y no por su estética como ocurre en el diseño industrial. El alcance de la protección de un modelo de utilidad es similar al conferido por la patente. Después de la caducidad de la patente cualquier persona puede hacer uso de la invención sin la necesidad del consentimiento del titular de ésta.

Las patentes y modelos de utilidad deberían cumplir ciertos requisitos. Toda patente debería tener: (i) novedad, lo que quiere decir que no existe nada igual en el mercado; (ii) actividad inventiva, o sea, no es algo que se pueda inferir fácilmente del estado de la técnica, sino que es producto de una actividad intelectual importante por parte del autor; (iii) utilidad, o aplicación industrial, que equivale a que la invención va a ser explotada industrialmente. De hecho las patentes tienen la obligación de ser explotadas en el plazo de 4 años después de haber sido solicitadas o de 3 después de haber sido publicada la patente (lo que expire más tarde). De no ser así, la patente podría caducar. En la práctica, y como se verá más adelante, estos requisitos, especialmente el que hace referencia a la utilidad, pueden ser a veces bastante cuestionables.

....

En el siglo III Ateneo de Naukratis cita un escrito del siglo III a de C. en el que se cuenta como en la ciudad griega de Síbaris (ubicada en lo que hoy es el sur de Italia) se concedían derechos exclusivos de explotación a los creadores de platos culinarios únicos y a los inventores de cualquier nuevo lujo o refinamiento. Estos privilegios, que podrían considerarse como los primeros derechos de patente, se concedían por un año. Resulta pues curioso, que lo que hoy conocemos como sibaritismo esté emparentado tan directamente con las patentes. Y es que los lujos, casi siempre suele ser exclusivos y objeto de protección por parte de aquellos que pueden permitírselos.

Otro antecedente conocido se refiere a una primera patente (en realidad privilegio de invención, que es como se denominaban entonces) otorgada por la República de Florencia en 1421 al arquitecto florentino Filippo Brunelleschi, que recibió una patente de tres años para que una barcaza con mecanismo de elevación llevase mármol a lo largo del río Arno.

Las patentes (privilegios) comenzaron a ser habituales en Venecia, en 1450 cuando se emitió un decreto por el cual los dispositivos nuevos e innovadores debían ser comunicados a la República con el fin de obtener la protección legal contra los infractores potenciales. El período de protección era de 10 años y no diferenciaba entre los inventores y los importadores de técnicas nuevas. Este estatuto sentó las bases actuales del derecho de patentes ya que exigía que las nuevas invenciones debían ser útiles, confería derechos exclusivos en un periodo limitado y juzgaba a los infractores exigiendo que los dispositivos copiados fueran incautados y destruidos. Las patentes eran, en su mayoría, en el campo de la fabricación de vidrio, por lo que debido a la emigración de los artesanos vidrieros venecianos, que querían un sistema similar de protección en sus nuevos hogares, el sistema de privilegios se difundió a otros países.

La primera patente Inglesa conocida, le fue concedida en 1449 al vidriero flamenco John de Utyman, por un proceso para tintar el cristal usado por los vidrieros venecianos que no se conocía en Inglaterra. A cambio de los derechos de explotación, que disfrutó durante 20, le exigieron enseñar su proceso a los ingleses. Sin embargo, ésta es una patente que se produce de forma aislada ya que no existe constancia de ninguna otra hasta mediados del siglo XVI.

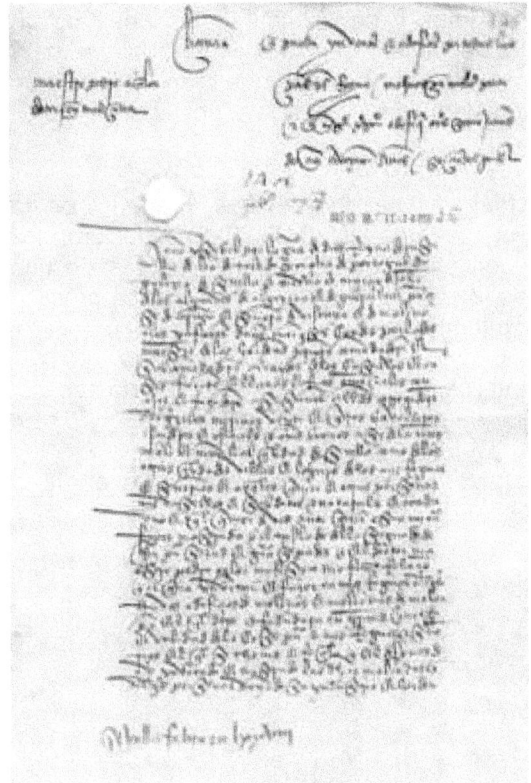

En lo que respecta a España, el primer real privilegio de invención se concedió en 1478. Dicho privilegio fue otorgado por la reina Isabel I de Castilla (Isabel la Católica) a Pedro Azlor (médico de la corte) sobre un nuevo método de molienda de grano. El privilegio le otorgaba la exclusiva de explotación durante un período de 20 años y fijaba la cantidad que deberían pagar aquellos que copiaran la invención (50.000 maravedís). No queda claro si Pedro Azlor es el inventor o quien había traído la invención a Castilla desde otras tierras, pero sí el temor a ser copiado, pues parece que era muy común en aquellos tiempos: *".. e que él se theme e reçela que él, después de aver inventado e mostrado las dichas moliendas, que algunas personas veyendo su industria e horden que él en ello tiene, quieran fazer luego en ello otrotanto de la forma que él lo había fecho, siendo el primero que en estos mys reynos lo aya traído e creado..."*

[Catálogo: 200 años de patentes, Oficina Española de Patente y Marcas (2011) Depósito Legal: M-41364-2011]

Bajo el reinado de la reina Ana Estuardo de Inglaterra (1665-1714), se hizo obligatorio para el solicitante de una patente proporcionar una descripción escrita de su invención y un método para su aplicación, lo que sienta las bases de las modernas patentes.

En América, las primeras patentes fueron expedidas en 1641 por los gobiernos coloniales y los Estados Unidos introdujeron sus primeras leyes de patente en 1790.

La revolución francesa de 1789 mantuvo el apoyo a los inventores, a los que considera parte del pueblo trabajador. Se derogan los privilegios y en su lugar se habla de derechos sobre la propiedad del invento. También se redujeron los costes de las patentes y se eliminaron las patentes de importación. En enero de 1791 se emite en Francia la considerada primera ley de patentes moderna del mundo. Esta ley tuvo una gran influencia en toda Europa, especialmente en Alemania y España y posteriormente en América Latina.

Durante la revolución industrial, las batallas legales alrededor de la patente de la máquina de vapor de James Watt (1796) establecieron los principios por los que se pueden otorgar patentes por mejoras de una máquina ya existente y que las ideas o principios sin aplicación práctica específica podrían también ser patentadas

El 27 de marzo de 1826, se publica en España el primer decreto español sobre patentes de invención.

En 1883, los sistemas de patente se internacionalizaron a través de la firma de la Convención de París.

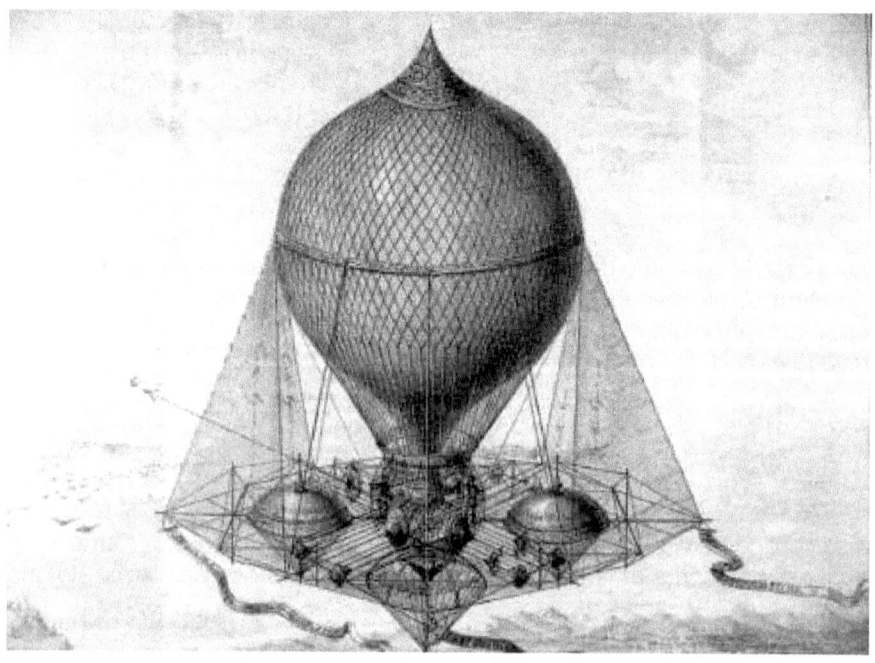

OEPM Privilegio n° 1775 *"Sistema de aparatos para dar dirección a globos aerostáticos"*. Patente de invención solicitada en 1858 por el sastre sevillano Inocencio Sánchez.

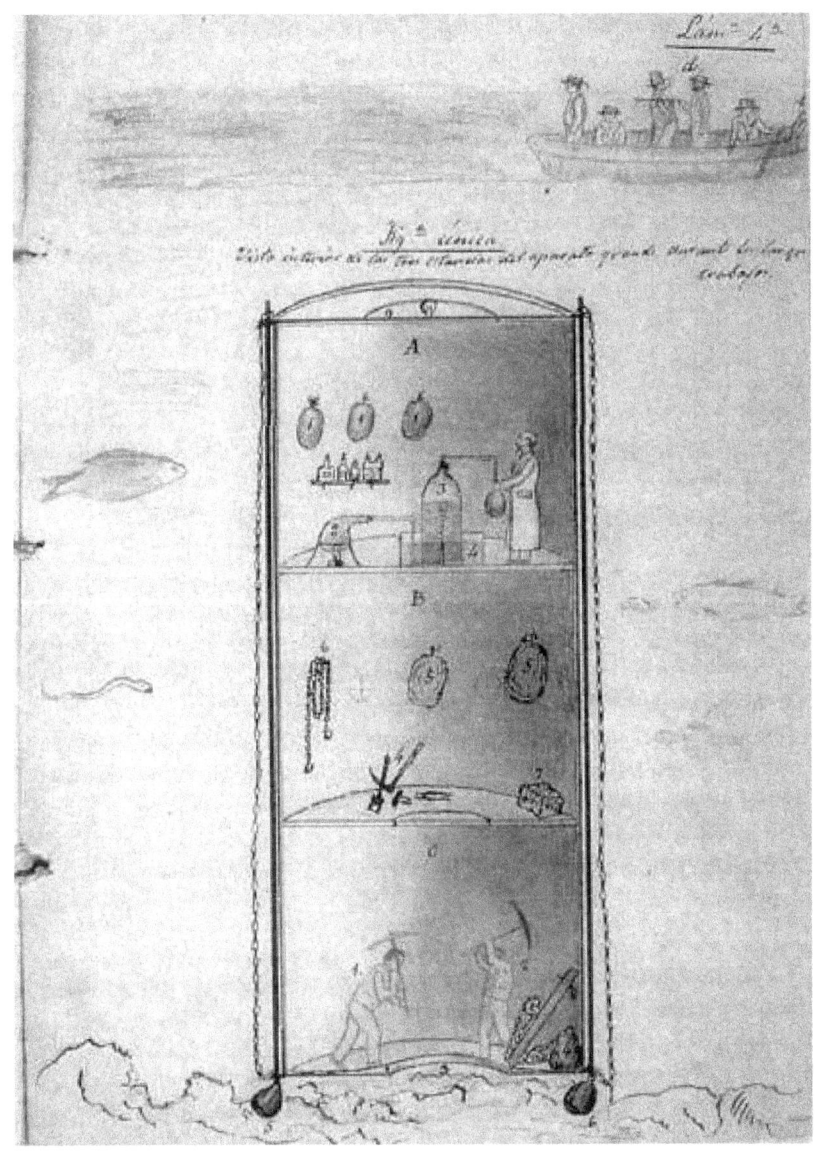

OEPM Privilegio nº 1913 *"Aparato buzo llamado lámpara acuática".* Patente de invención solicitada en 1849 por Manuel Masdeu de Borja y Tarriu. Según el autor este invento permitía trabajar debajo del agua sin ningún tipo de comunicación con la atmósfera.

[J. Patricio Sáiz González. Propiedad Industrial y revolución liberal. Historia del sistema español de patentes (1759 – 1929). Ofinicia Española de Patentes y Marcas (1995) ISBN: 84-86857-25-2]

Más recientemente, durante la década de 1980, se desarrollan las primeras oficinas de patentes internacionales: la Oficina Europea de Patentes y la Oficina Mundial de la Propiedad Intelectual (OMPI). Esto permite solicitar patentes que se presentan simultáneamente en varios países.

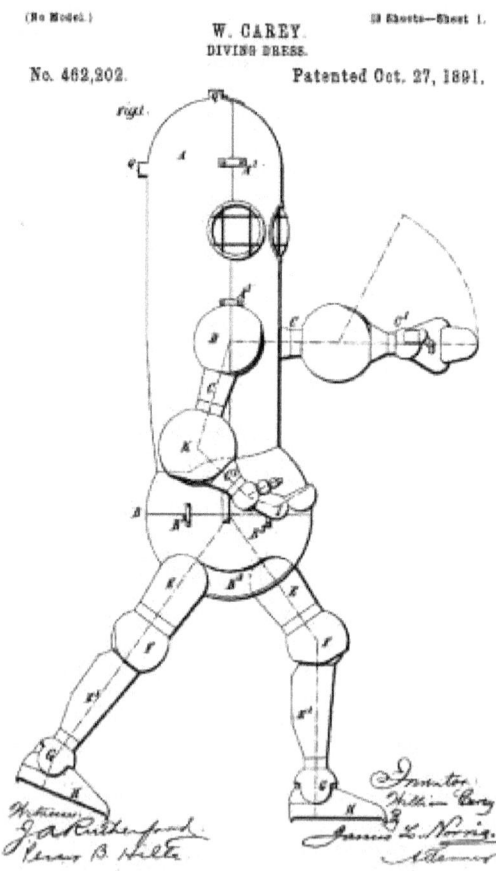

Hoy en día, todos los países tienen leyes de patentes que varían de unos a otros. En tal maremágnum de patentes no es difícil encontrar patentes raras, curiosas, estrambóticas, alucinantes y, no pocas veces, increíbles. Algunos ejemplos de ellas son las que se muestran en lo que sigue.

Libro perfeccionado

Inventor: Modesto Sánchez De Las Casas
ES0021680 U
16-01-1950

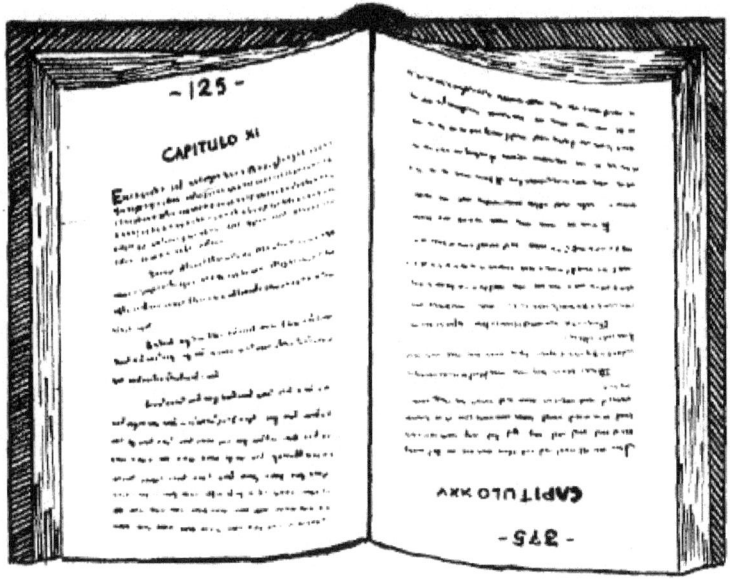

"Sabido es que media humanidad practica el hábito de leer en la cama acostados. No es menos notorio que la ciencia médica recomienda que todo individuo debe descansar en el lecho apoyado sobre su costado derecho y nunca sobre el izquierdo para no aminorar la capacidad funcional del corazón. La mayoría de las personas, por instinto las más de las veces, descansan correctamente, sobre el lado derecho. Y así leen. En tal posición, con un libro en las manos y formando las hojas de éste un ángulo recto o ligeramente obtuso, todas las páginas izquierdas de la lectura se mantienen en una posición normal respecto al ángulo de visión, mientras que las derechas obligarían a que el libro, para ser leídas sin perturbación, fuera mantenido en una posición antinatural e incómoda, con ambos brazos en tensión, lo que jamás ocurre pues lo instintivo es que el libro descanse sobre su costado de contraportada en la propia cama. En tal posición de libro y lector, la visión de las páginas derechas produce una imagen con aberraciones de tamaños y perspectivas y, siempre instintivamente, el lector llega a cerrar el ojo derecho para aminorar las aberraciones de las letras y líneas de todas las páginas derechas. Ninguna de estas aberraciones se produce en las páginas izquierdas. Dios nos dio a todos dos ojos; pero estos recogen una sola imagen. Hagamos, pues, que todas las páginas de los libros sean izquierdas (o todas derechas). Los oftalmólogos reconocerán que la perniciosidad de leer acostados radica sólo en las páginas que corresponden al lado sobre el que se está acostado y que la imagen que de las opuestas que recoge nuestra retina no tiene aberraciones y por tanto no perjudica. Aquí radica a juicio del solicitante el carácter de revolucionario y trascendental que en sí lleva el perfeccionamiento de los libros que se reivindica. No se trata, pues, de una simple idea sino de un sistema propio e industrializable por medios mecánicos puesto que, de llegar a aplicarse, revolucionaría toda la técnica de composición, encuadernación y compaginación de libros, etc. y que, además, aporta un beneficio y efectos nuevos a un acto tan universal como es la lectura, la cual, considerada, y puede y debe serlo, como "trabajo" halla en este nuevo sistema un tiramiento en sus condiciones o psicofisiológicas (Arts. 1º y 48, creemos, del Estatuto en vigor).

Algunas de las ventajas del "libro perfeccionado" son del orden psicofisiológico: A) Prácticamente, desaparición da los trastornos visuales por efecto del vicio, difícilmente eliminable, de leer acostados. B) Estimulante inconsciente para formar el hábito de leer, cuando se tenga, en la cama, sobre el lado derecho, el más beneficioso para favorecer la capacidad funcional cardíaca, cuando los libros que se lean estén impresos a izquierdas, es decir, repetimos, con sólo páginas izquierdas según queda descrito anteriormente. C) Sencillamente, excepcional comodidad para leer acostados con el auxilio de una sola mano. D) Psíquicamente, el a primera vista posible inconveniente de que obliga a pasar la hoja con doble frecuencia, lo estimamos en el libro perfeccionado como un excitante psíquico que estimula a proseguir la lectura por la falsa sensación de mayor rendimiento que proporciona. Ventajas de orden práctico: Revalorización a efectos estáticos y comerciales de lo que hasta hoy denominamos contraportada, ya que por el sistema que se reivindica las contraportadas tendrán idéntico rango y cotización que las portadas, toda vez que el futuro libro no tendrá portada y contraportada sino que ambas cubiertas serán práctica y alternativamente portada. Estimamos otra ventaja de orden práctico de nuestro libro perfeccionado la supresión por innecesario, por ya no ventajoso para nada, del vicio tan frecuente en todos los lectores, especialmente cuando manejan libros encuadernados en rústica, de cerrarlos por la página en que se encuentran leyendo, juntando cara con cara de ambas cubiertas, precisamente por inclinación subconsciente a tener ante sí una sola pantalla de atención, un mismo ángulo de visión, y, en definitiva, a que el libro so haga de una sola página y todo ello ocurre porque el ángulo diedro que el libro constituye es antinatural y por el nuevo sistema que se reivindica los efectos de esta contrariedad instintiva quedan atenuados. También se reivindica la posibilidad de que, en ciertos casos, puédanse fundir en un solo volumen dos temas diferentes de análoga extensión empezando cada uno de ellos por un extremo del volumen y aun para llevar a un máximo rigor la diferenciación, que la impresión se haga utilizando distintos colores de tinta para el texto de uno y otro tema, resultando de esta manera que, abierto el libro por cualquier parte, aparezca una página impresa en un color y la opuesta en otro y, naturalmente, cada una de ellas invertida respecto a su opuesta. Y queda bien constatado que esta última modalidad no es característica permanente del libro perfeccionado sino aplicación circunstancial y extrema de sus características. No imagina el solicitante que llevado el sistema a la práctica ofrezca molestia alguna para quienes leyeren el libro perfeccionado en cualquier posición corriente, es decir, levantados. Contrariamente, vaticinamos que, vencida la primera sensación de extrañeza, subsisten operantes para la lectura en posición normal, sea la que fuere, muchas de las ventajas que anteriormente, y de manera sucinta quedan descritas".

....

Con un libro así leer está "tirado". Por cierto, si te preguntas si existirán libros así, te diré que yo he publicado uno de similares características e incluso con otras complejidades adicionales, como enigmas que habría que resolver para poder leerlo en un determinado orden [Laberinto (2013) ISBN: 9781481943291].

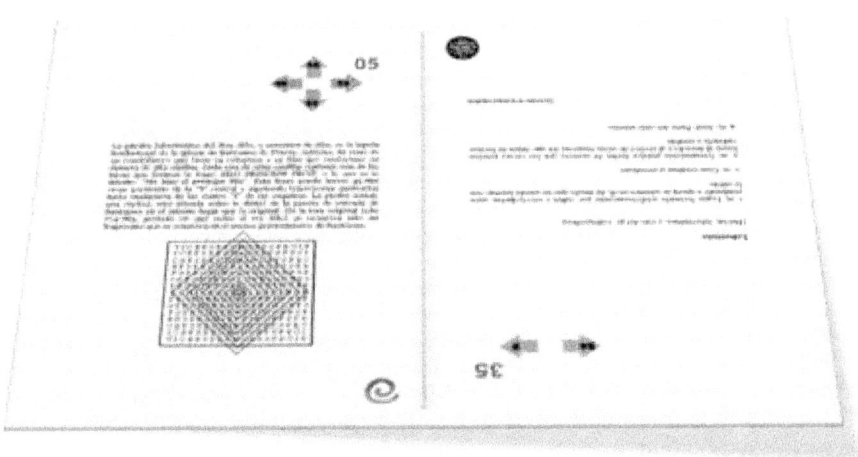

La siguiente patente también hace referencia a otro libro, de broma e impacto psicológico según el inventor. Aunque no queda claro si lo que es de broma es el libro o la propia patente.

Libro de impacto psicológico

Inventor: Víctor Sagi
ES0232334 U
20-07-1978

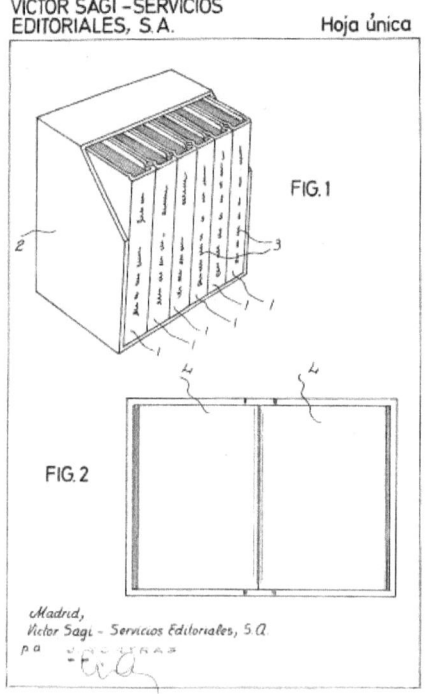

VICTOR SAGI -SERVICIOS
EDITORIALES, S.A.   Hoja única

FIG.1

FIG.2

Madrid,
Víctor Sagi - Servicios Editoriales, S.A.
p a

"Libro de impacto psicológico, que se caracteriza por estar formado por una pluralidad de páginas en blanco, utilizables para anotaciones y debidamente encuadernadas, con lomo y tapas, estando el libro en cuestión contenido, juntamente con otros similares, formando colección, en el interior de un estuche desprovisto de cara frontal, de modo que quedan perfectamente visibles al exterior los títulos de los libros escritos en los lomos de los mismos, con la particularidad de sugerir dichos títulos unos contenidos altamente interesantes, insólitos o chocantes, que estimulan la consulta del libro, quedando el receptor de éste, que se ha concebido como artículo de broma, chasqueado al abrirlo y comprobar que las páginas del mismo se hallan en blanco".

Pues sí, un libro en blanco. Igual que se debió quedar la mente del autor de la siguiente patente cuando experimentó los extraños fenómenos en los que se le reveló su invención.

Sistema de teletransporte del cuerpo completo

FULL BODY TELEPORTATION SYSTEM
Inventor: John Quincy St. Clair
US20060071122 A1
06-04-2006

"La base de esta invención es un evento, en referencia a la FIG. 1, que se produce el 2 de mayo de 2004, en la que el inventor ("él") personalmente experimentó una teletransportación de todo el cuerpo mientras caminaba hacia la parada de autobús (A) a lo largo de una carretera (B) que se discurre perpendicular a las cercanas pistas de aterrizaje de un aeropuerto comercial. Hay una reja de hierro ancha (D), para el drenaje de agua, que cruza la carretera en el centro de la parada de autobús. El ancho de rejilla es tal que uno tiene que hacer un esfuerzo para saltarla y pasar de un lado a otro. Aproximadamente a 50 metros de la rejilla, él (E) sintió una onda vertical (F), similar a una bandera ondeando en la brisa, viajando por la calle hacia la parada de autobús. La velocidad de la onda fue de alrededor de un metro por segundo, que era un poco más rápido que la velocidad a la que caminaba. En el siguiente instante, él (G) se encontró en la misma calle, pero cerca de la esquina de la manzana siguiente. Al darse cuenta de que había pasado el autobús se detuvo y se dio la vuelta viendo que la reja de hierro estaba aproximadamente a 50 metros detrás de él. Dado que no recordaba haber saltado la reja de hierro, ni haber pasado la línea amarilla que marca la parada de autobús, se dio cuenta de que había sido teletransportado a una distancia de 100 metros, moviéndose con la onda. Era obvio que se trataba de un pulso de onda, puesto que el borde delantero de la onda superó al inventor y le trasladó por un momento hasta que la parte de atrás de la onda le superó dejándole en la calle. Mientras pensaba en esta secuencia de eventos levantó la vista y durante unos segundo vio uno avión bimotor turbohélice (C) que cruzaba, a poca distancia, por encima de la carretera y descendiendo gradualmente para aterrizar en el aeropuerto.

Pasaron una serie de días hasta entender esta secuencia de eventos. La explicación requiere del conocimiento de una amplia gama de materias, tales como la física gravitacional, la híper-física del espacio, la teoría electromagnética de los agujeros de gusano, la física cuántica y la naturaleza del campo energético humano.

Es obvio, por el escenario anterior, que el avión generó el pulso antes mencionado, mientras momentáneamente cruzaba perpendicular a la carretera. Debido a que el avión tiene un motor en cada ala, hay dos hélices qué posiblemente están girando fuera de fase entre sí. Es decir, la hoja de una hélice podría estar apuntando hacia arriba y la cuchilla equivalente del otro motor podría estar apuntando en una dirección ligeramente diferente. Obsérvese que la punta de la cuchilla traza una hélice cuando el avión está aterrizando.

Figure 1

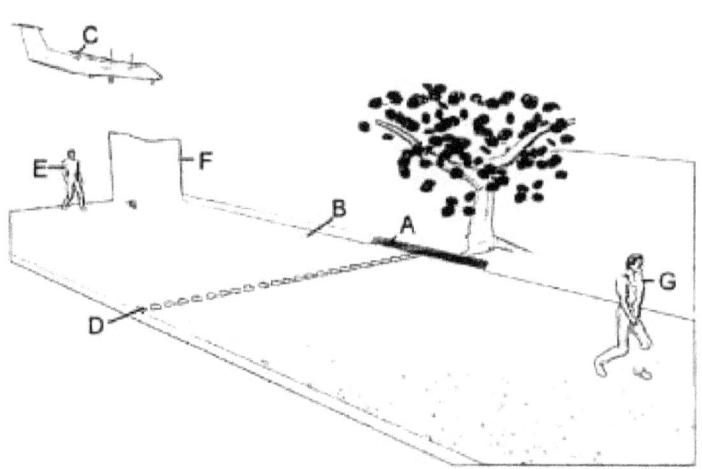

En física la gravitación, en referencia a la FIG. 2, se sabe que dos masas de masa m1 y m2 (A, B) unidas por brazos de palanca ligeramente desplazados en ángulo a lo largo de la dirección del eje de rotación (C), producen una onda gravitacional (D) que se desplaza perpendicular al eje"…

Figure 2

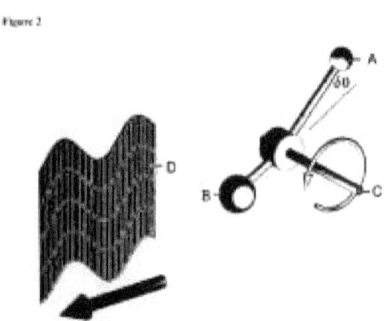

Lo que sigue en la descripción del invento constituye una serie de explicaciones de lo más pintorescas, en las que constantemente se hace alusión a la física cuántica y a diferentes fórmulas en las que se relacionan conceptos de lo más variopinto. Finalmente, se concluye con la descripción de un dispositivo generador de agujeros de gusano mediante el cual una persona puede ser teletransportada de un lugar a otro, cuyo esquema se muestra en la siguiente figura.

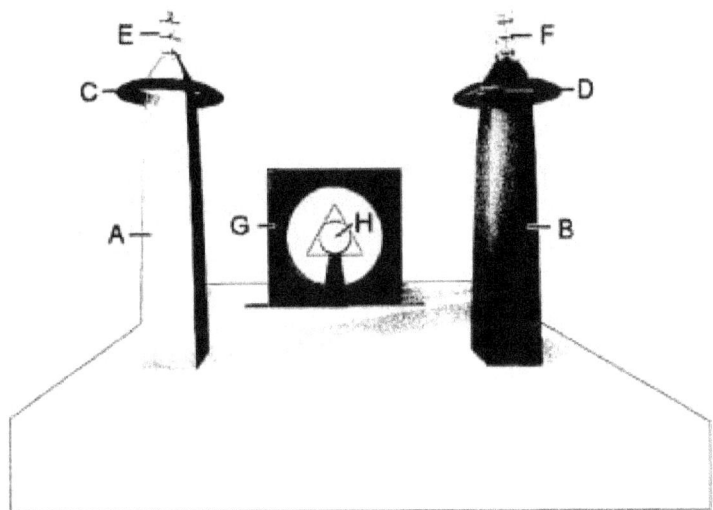

Esta patente pone de manifiesto que la inventiva no tiene límites, aunque no está muy claro si el Sr. St. Clair solicitó la patente por mera diversión o convencido de que el sistema de teletransporte pueda funcionar. En cualquier caso, lo que sí parece cierto es que patentar en Estados Unidos no requiere de mucho rigor a la hora de verificar las reclamaciones objeto de las patentes.

Otra patente del mismo autor que también resulta tan curiosa y/o divertida, como se prefiera, es un **dispositivo magnético para generar agujeros de gusano**.

```
MAGNETIC VORTEX WORMHOLE GENERATOR
Inventor: John Quincy St. Clair
US20030197093 A1
23-010-2003
```

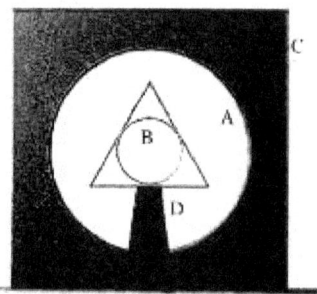

Las fechas de publicación y presentación de ambas patentes ponen de manifiesto que en el año 2003 el Sr. St. Clair ya había inventado el generador de agujeros de gusano. Concretamente: *"un generador de vórtice magnético que tiene la capacidad de generar masa negativa y un campo magnético negativo y constante. Lo cual, según la teoría de la relatividad general de Einstein, es necesario para crear un agujero de gusano estable entre nuestro espacio y el hiperespacio".* Tres años después la casualidad quiso que fuese teletransportado durante 100 metros por un agujero similar a los generados por su invención, pero en esta ocasión producido por la caprichosa disposición de las hélices de un avión.

John Quincy St. Clair dice de sí mismo ser el inventor más imaginativo del siglo XXI; no sólo por las dos increíbles invenciones aquí mencionadas sino por sus numerosos diseños para sistemas de propulsión de naves espaciales y generadores de energía en base a sus estudios de la física del hiperespacio y la energía del *"chakra astral"*. Estos diseños se encuentran recogidos en diferentes patentes como: *"Electric Dipole Moment Propulsion System"; "Electric Dipole Spacecraft", "Cavitating Oil Hyperspace Energy Generator", "Hyperspace Energy Generator", "Hyperspace Torque Generator", "Rotor Inductance Propulsion System", "Rotating Electrostatic Propulsion System, " "Bobbin Electromagnetic Field Propulsion Vehicle", "Electric Dipole Moment Propulsion System".* Estas patentes se encuentran disponibles en internet y pueden encontrase fácilmente por su título en Inglés.

No menos increíble, ni de menor utilidad, resulta el sistema para extraer energía de la Tierra y trasmitirla al cuerpo humano, que fue inventado en 1971 por Don Vicente Málaga García.

Aparato para trasmitir parcialmente la energía latente del planeta al cuerpo humano

Inventor: Vicente Málaga García
ES393675 A1
23-07-1971

"Es evidente que el planeta es una fuente de energía compleja que varía notablemente según las condiciones especiales de los suelos y humedad de los mismos. Para utilizar esta energía de naturaleza mixta calorífica, eléctrica y magnética principalmente, es preciso asegurar un adecuado elemento transmisor que mejore la transmisión. Las circunstancias de la vida moderna reducen el contacto directo con el planeta a un mínimo casi nulo, o limitado a los periodos vacacionales.

El presente aparato viene a establecer un medio de unión, adecuadamente conductor, para que el usuario se beneficie de esta energía gratuita en los momentos de descanso y especialmente durante el sueño.

Actualmente las patas de las camas están diseñadas de forma que constituyen un aislamiento respecto al suelo y por ello, con este aparato, se pretende tener un contacto más directo con el planeta.

El aparato reivindicado se caracteriza por utilizar la mayor conductividad del agua haciendo que el usuario, en su posición de descanso sobre camas, sillas o similares no quede aislado del suelo, aprovechándose mediante el aparato conductor parte de la energía mixta emitida por el suelo y que de otra forma se desperdicia íntegramente. El aparato está constituido por una bandeja vinculada a una pata del mueble en el que descansa el usuario, el depósito, que lleva en su interior una esponja, y el sistema conductor desde el depósito a una extremidad del usuario.

Los efectos de esta comunicación son muy beneficiosos para la salud. Al emplear el aparato para una cama, hay que tener en cuenta que la energía transmitida no depende del tiempo absoluto de sueño, sino que sus efectos son más importantes dadas las características de la emisión de energía.

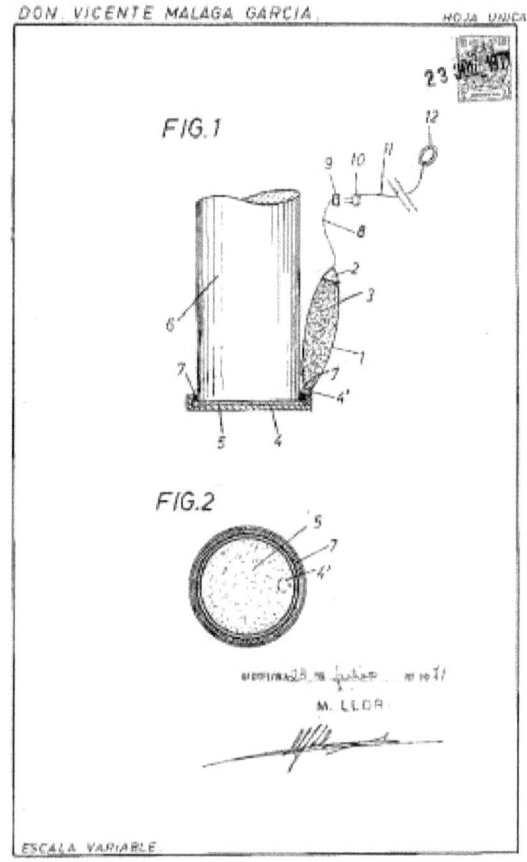

FIG.1

FIG.2

M. LLOR

ESCALA VARIABLE

En la hoja gráfica adjunta, y a título de ejemplo, se representa un caso de realización práctica, aplicado a la pata de una cama.

La figura 1 muestra la vista esquemática de la disposición del aparato, mientras la figura 2 muestra la vista en planta de la parte de esponja sobre la que se coloca la pata de la cama para la transmisión de la energía del planeta. Siguiendo los dibujos se advierte el recipiente metálico de forma fusiforme (1), con tapón roscado (2). En el interior del recipiente se dispone una esponja (3) que está impregnada de agua que llena el recipiente. La parte inferior de este recipiente está comunicada con la bandeja (4) mediante un rácor (4') que permite el paso del agua del depósito a la bandeja (4). De esta forma el agua impregna la esponja (5) aplanada por la compresión que ejerce sobre la misma la pata (6) del mueble. Para evitar la evaporación del agua de la esponja, existe la arandela perimetral de goma (7) ajustada entre la esponja (5) y el reborde perimetral de la bandeja (4). El depósito de agua (1) suministra el agua precisa a la esponja (5), con lo que se hace que el conjunto sea más conductor de la energía. El poder de transmisión de la energía que procede del suelo se pierde al disminuir la cantidad de agua en la que está inmersa la esponja. Al disponer la pata (6) del mueble o asiento sobre la esponja (5) impregnada de agua del recipiente (4) que queda comprimida, se garantiza la existencia de una superficie suficiente de transmisión entre el suelo y el usuario, ya que éste está cómodamente unido a la envolvente (1) del recipiente y por tanto a la bandeja (5) según se verá a continuación. Hay que distinguir que este aparato es aplicable preferentemente, aunque no exclusivamente, en el caso de que el usuario está durmiendo en la cama. Para efectuar esta unión, se establece un conductor metálico (8) que transmite este tipo complejo de energía. El conductor (8) se enlaza con un tipo de enchufe (9) que se aplica en la pared o lugar accesible que, con preferencia, es próximo y a un nivel aproximado de la situación del usuario de la cama. A este enchufe (9) se le aplica la clavija (10) que está unida mediante otro elemento conductor flexible (11) que lleva en su extremo libre un anillo o pulsera (12) que, con el sistema de cierre adecuado, se dispone en la muñeca del usuario; La longitud del conductor (11) es suficiente para permitir los movimientos normales del usuario durante el sueño.

Se fabricará el aparato para transmitir la energía latente del planeta al cuerpo humano, con los materiales apropiados a sus elementos componentes, pudiendo variar su forma, acabado, dimensiones y cuantos detalles no alteren, cambien o modifiquen su esencialidad.

....

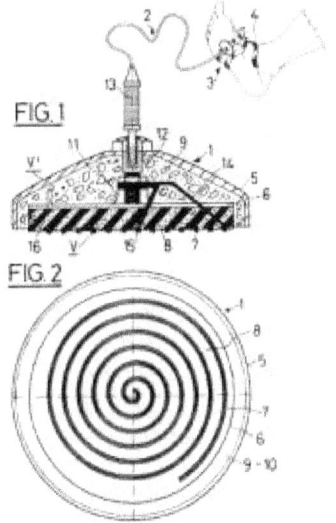

FIG.1

FIG.2

Una versión más reciente de este increíble sistema para trasvasar energía planetaria al cuerpo fue patentada por el Sr. Málaga, que es además autor de 19 patentes de diversa índole, en 1993.

APARATO TRANSMISOR DE ENERGIA
TERRESTRE
ES2056021 A
01-09-1994

Ahora que, ¿por qué conformarnos con la energía del planeta, cuando podemos cargarnos con la de todo el cosmos? Esto es lo que nos propone la siguiente invención.

Cabina piramidal para equilibrar la bioenergía del cuerpo humano y potenciar la relajación, la meditación

Inventor: Mario Gil Sánchez
ES1087779 U
19-08-2013

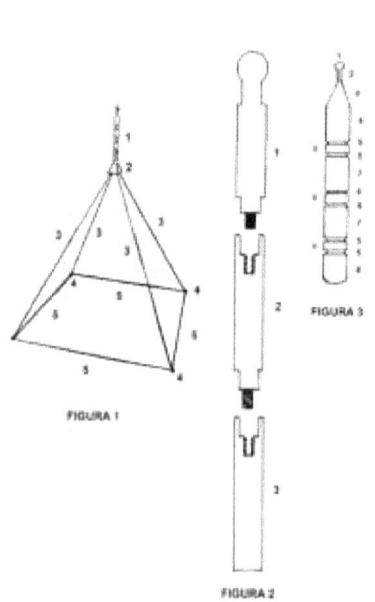

"La presente invención se refiere a una cabina con forma de pirámide para tratamiento de la bioenergía del cuerpo humano. Para proporcionar al usuario lo que puede considerarse como una cabina de carga energética para el cuerpo, otorgando una vitalidad, recuperación de la salud bioenergética y, por lo tanto, la física. La persona que se somete a una sesión recibe una carga que le aporta vitalidad a las células, órganos, etc., y una mejor calidad de vida. Otra de las características, además de actuar con la energía del cuerpo humano y como captador de energía cósmica, es la antena que recibe la energía, la deposita dentro de la cabina y la irradia al exterior, beneficiando energéticamente el espacio. De acuerdo con la invención, la cabina es un instrumental de material duro, en este caso de acero inoxidable. Está conformado con distintas figuras geométricas. Se compone de una pirámide y añadiéndole nuestro invento, que es una antena, es la receptora de la energía cósmico-terrestre. Su aplicación es introduciendo la persona dentro del campo captado por la cabina y le equilibra la bioenergía, le otorga relajación y bienestar".

....

¿Raro? Pues ésto no es nada comparado con la siguiente pirámide.

Cama terapéutica de abejas colocada en una pirámide

Inventor: Anatoliy Olschansky
ES1140381 U
23-06-2015

"Se sabe que los reyes sumerios y los faraones egipcios construían pirámides y curaban sus heridas en estas pirámides y sus mujeres también daban a luz en las pirámides. Estudios recientes han demostrado que en las pirámides se concentran la energía cósmica que organiza la estructura interna de los cuerpos inorgánicos y orgánicos. En particular, cabe mencionar la acción antiséptica que impide la reproducción de bacterias purulentas dentro de la pirámide.

Esto abrió un campo amplio para usar las pirámides en la fabricación y el almacenamiento de alimentos, así como en la medicina alternativa para curar a pacientes con diversas enfermedades (por ejemplo, se puede ver en la revista "Inventor e innovador" 4, 1998, p. 14-15, el artículo "Biopiramide: la máquina de la muerte o la forja de salud"). Colmena médica famosa integrada en la pirámide [patente número 80663, UA, publicada a 10/06/2013] es un equipamiento terapéutico para la rehabilitación de las personas y al mismo tiempo con efecto de la atmósfera y biocampo de las familias de abejas en un organismo. Pero el tamaño del equipamiento no es suficientemente cómodo para dar cabida a dos o más personas a la vez, y la colocación de la colmena en este dispositivo no es conveniente para el vuelo de las abejas, ya que el apoyo reposa en una de las caras de la pirámide, lo que perturba el campo de energía dentro de la pirámide.

El resultado técnico del modelo de utilidad preconizado es un dispositivo para la rehabilitación y el tratamiento de las personas, cama terapéutica de abejas colocada en una pirámide, formada por las colmenas de madera de las colonias de abejas con canales de ventilación en el techo de las colmenas y por los lados de las colmenas para dar salida a aromas volátiles (olor de las flores, néctares), cuya inhalación mejora el estado de la vías respiratorias y a través de la cual se oye el abejorreo sistemático de las abejas que actúa en la psique (subconsciencia) de la persona, tranquiliza, normaliza la presión arterial, cura los dolores de cabeza y el sistema nervioso, entra en un estado meditativo y la combinación del biocampo emitido por las abejas y la energía de la pirámide da lugar a los efectos terapéuticos descritos para los pacientes. El biocampo de las colonias de abejas opera a una distancia de 30-40 centímetros de la cama de abejas. Los iones con carga negativa que se forman por efecto del vuelo de las abejas y el vaciado de las cargas eléctricas de los pelos en el cuerpo del insecto, unido a la inhalación de la mezcla de miel, propóleo y néctar de las flores, que salen de las colmenas de las abejas que trabajan activamente forman un masaje de micro-vibración, influyendo así en el biocampo humano mediante las colonias de abejas.

La energía de la pirámide se concentra en el centro de la pirámide, con ello el efecto de las camas de tratamiento de abeja se duplica.

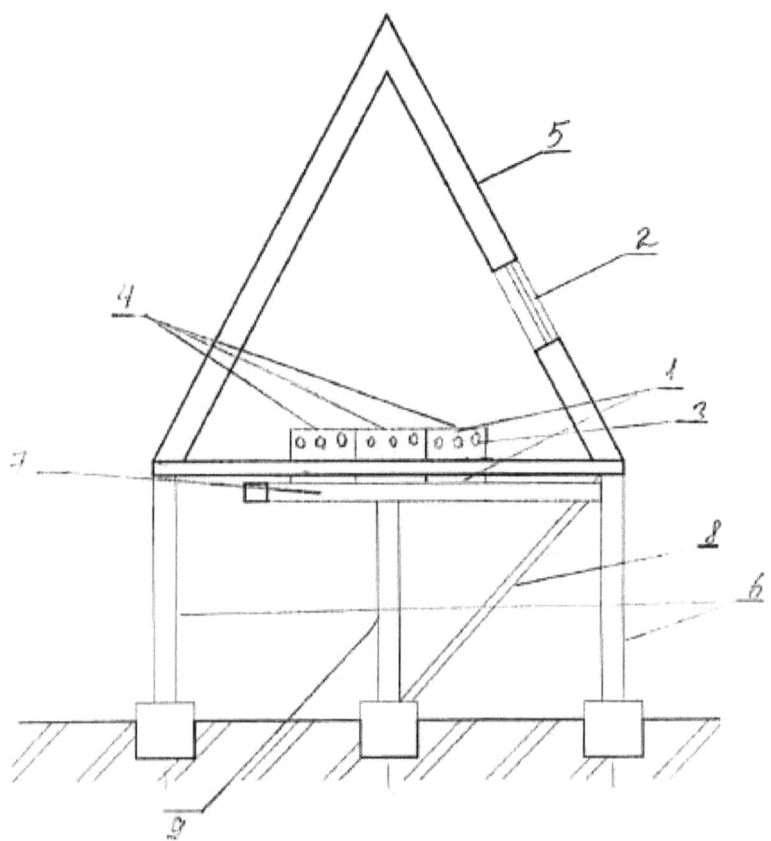

El resultado técnico indicado se consigue mediante la ejecución de la cama terapéutica de abejas (1), de colmenas con agujeros por los lados (3), de madera resinosa, cada una de las cuales contiene al menos una colonia de abejas en la pirámide, con los ángulos orientados a las cuatro partes del mundo. La cama terapéutica de abejas tiene los agujeros para el acceso y el mantenimiento de las abejas, en cada colmena hay rejillas de ventilación en el techo (4). La pirámide, cuyo tronco está cubierto con cañas o madera (5), se apoya en al menos cuatro pilares (6) con la boca de fundición y tablas migratorias colocadas en la parte inferior de la pirámide (7) para el vuelo fácil de las abejas. Esto permite que las abejas se coloquen en la colmena, lo que también permite aumentar el número de colmenas, por lo tanto aumentar el tamaño de la cama terapéutica de abeja y el número de colonias de abejas, y mejorar la salud y el efecto terapéutico para los humanos, así como su estancia cómoda y segura en el centro de la pirámide.

....

Actividad inventiva desde luego tiene a raudales. Ahora que utilidad, lo que se dice utilidad... ¿Quién habrá revisado esta patente? Sin duda no era alérgico a la picadura de las abejas.

La siguiente patente, por el contrario, no puede negarse que tenga utilidad. Sin embargo, en lo que respecta al asunto de la novedad es otra historia.

Sistema para facilitar el transporte (la rueda)

CIRCULAR TRANSPORTATION FACILITATION DEVICE
Inventor: Keogh, John Michael
AU2001100012 A4
02-08-2001

"De acuerdo con un primer aspecto de la presente invención, se proporciona un dispositivo para facilitar el transporte consistente en una llanta circular, un cojinete en el que un elemento hueco cilíndrico puede girar alrededor de una varilla situada dentro del cilindro hueco y una serie de elementos de conexión que conectan la llanta circular con el elemento hueco cilíndrico para mantener la llanta circular y el elemento cilíndrico hueco a una distancia fija, en el que una varilla se coloca sobre un eje perpendicular al plano de la llanta circular y centrada respecto a la llanta circular"

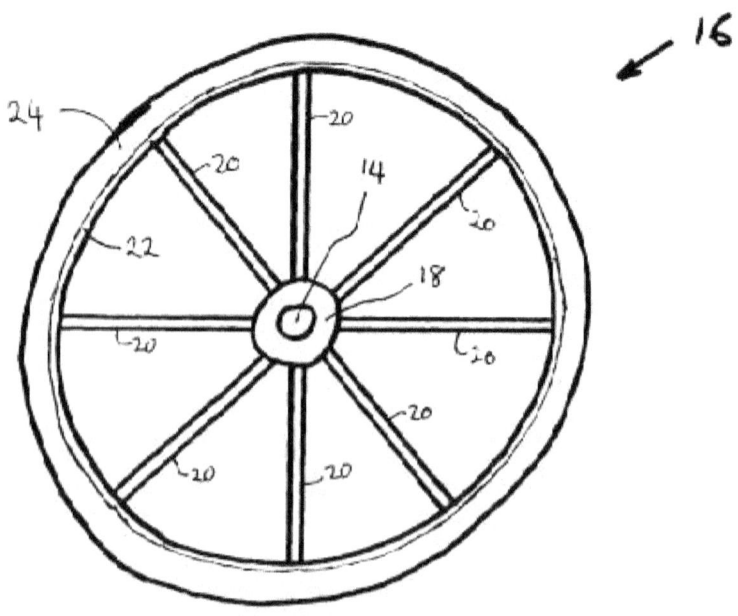

FIGURE 2

....

Las bases legales que regulan la concesión de una patente son bastante curiosas y pueden variar notablemente de unos países a otros. Esto permitió que, en el año 2001, el abogado australiano, John Michales Keogh patentase, nada más y nada menos que, la rueda.

La intención del Sr. Keogh al patentar la rueda era llamar la atención sobre la ley de propiedad intelectual Australiana, en la que se estipulaba que el único requisito para conseguir una patente es el de demostrar que se trata de una innovación, y no necesariamente una invención. En este caso el abogado australiano se aprovechó del hecho de que nunca antes a nadie se le había ocurrido patentar la rueda y, por tanto, no estaba sujeta a protección por ninguna patente en ningún país. En la actualidad, se ha cambiado la ley por otra más restrictiva y ya no sería posible obtener la patente de la rueda.

Puede que la intención de John Michales Keogh, al patentar algo tan cotidiano como la rueda, no fuese otra que la de poner de manifiesto las carencias de las leyes de patentes de Australia. Sin embargo, en esto de patentar la rueda, y seguramente aunque él creyese lo contrario, no fue nada original el Sr. Keogh. De hecho, bastante antes que él lo hiciese en Australia, la rueda ya se había patentado en España.

Rueda para carro

Inventor: José Medela Molina
ES0139344 U
16-10-1968

"Rueda para carro, caracterizada por que consta de una llanta de pletina, reforzada interiormente por un aro soporte en el que, por encaje de espiga en ojal, se fijan los radios que son metálicos y van en número de cuatro anchos y otros cuatro estrechos, provenientes del cubo, que es de sección cuadrada y presenta ojal cuadrado para alojamiento del eje, poseyendo anillo de refuerzo hacia la parte media".

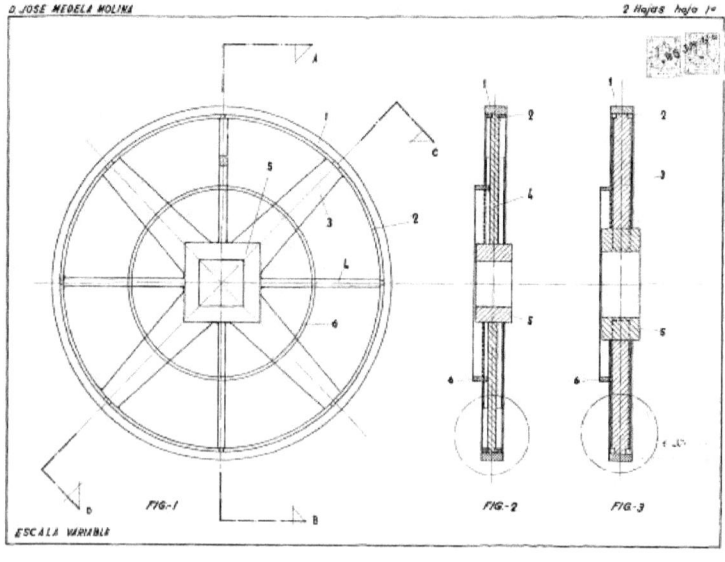

¡Toma ya! Y nada de dibujitos a mano alzada como el australiano. Aquí el Sr. Medela se lo curró mucho más y usó un compás, como tiene que ser. Esto es lo que se dice: ¡un invento redondo!

Es más, incluso con anterioridad a esta patente de la rueda, en España también fue patentado el mismísimo bumerán. ¡Para que se enteren los australianos!

Bastón volador o ala volante que al ser arrojado vuelve junto a la persona que lo lanza después de un espectacular vuelo

Inventor: Esteban Serrano Mesa
ES0031850 U
01-08-1952

"Este juguete deportivo, ala volante o bastón volador tiene la forma de V abierta y tiene la propiedad, dada su construcción, de que al ser lanzado con la mano verticalmente a la tierra se aleja en espectacular vuelo circular para remontarse a gran altura y regresar al punto partida en vuelo horizontal, es decir paralelo a la tierra, para caer planeando a los pies del que lo ha lanzado".

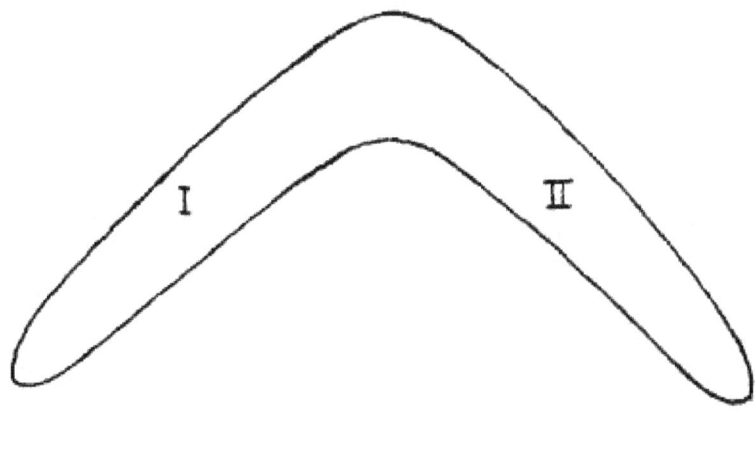

Está claro, ¿no?

Pues la siguiente, aunque mucho más moderna, tampoco se queda atrás a la hora de patentar algo cotidiano.

Botón basado en el tiempo para iniciar aplicaciones (el doble clic)

TIME BASED HARDWARE BUTTON FOR APPLICATION LAUNCH
Inventores: Charlton E. Lui, Jeffrey R. Blum
Concesionario original: Microsoft Corporation
US6727830 B2
27-04-2004

"Se proporciona un método y un sistema para ampliar la funcionalidad de los botones de aplicación en un dispositivo informático de recurso limitado. Funciones de aplicación alternativas se ponen en marcha basándose en el tiempo durante el que se pulsa un botón de aplicación. Una función se ejecuta por defecto si se presiona el botón durante un intervalo de tiempo corto, es decir, período de tiempo normal. Si se pulsa el botón durante más tiempo (por ejemplo, al menos un segundo) se inicia una aplicación alternativa. Si se pulsa el botón de la aplicación varias veces dentro de un corto período de tiempo, por ejemplo haciendo un doble clic, se puede iniciar otra función"

....

Lo interesante de esta patente es que el doble clic ya se venía utilizando desde que en 1983 apareció el primer ordenador Apple Lisa, que disponía de la capacidad de hacer doble clic con su único botón del ratón.

Afortunadamente parece ser que nadie ha tenido que pagar aun a Microsoft por haber hecho doble clic con el ratón de su ordenador personal.

La siguiente invención está basada en algo aún más simple que un doble clic, de hecho sólo hay que hacer presión una vez.

Sifón destinado a contener sidra

Inventor: Alejo Fresno Peña
ES0038857 U
16-05-1954

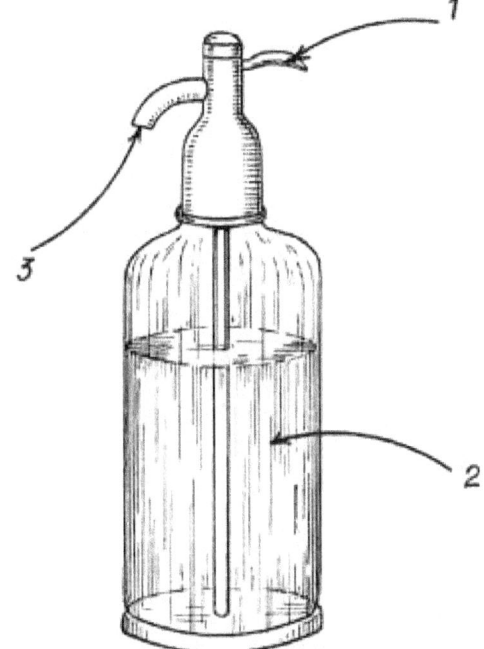

"Cada día se van ideando nuevos procedimientos y medios para lograr que muchos productos vayan llegando al público consumidor en mejores condiciones de presentación y alcanzando mayor perfección en su conservación, con lo cual se extiende su consumo.

Vamos a referirnos ahora a la sidra, bebida que es muy popular en algunas regiones de España, en las que se consumen grandes cantidades de la misma, y sin embargo en el resto de nuestra patria, esta bebida tiene un consumo reducidísimo. En los lugares de mayor gasto se sirve en su estado natural, siendo probable que uno de los motivos que hagan que esta bebida sea tan poco solicitada por el público en el resto de España, sea su forma de envasarla, pues al venderla casi únicamente con ácido carbónico y en botellas, ello obliga a que sea necesario consumir el contenido íntegro de una botella, una vez abierta la misma, pues en caso contrario el resto pierde muchas de sus cualidades.

Mi representado, deseando salvar estos inconvenientes ha ideado, después de realizar diversas operaciones que más adelante se detallarán, envasar la sidra en un sifón, y así consigue que llegue al público con unas características completamente nuevas, lo que hace más cómodo su consumo, y al mismo tiempo evita todos los inconvenientes que antes hemos detallado.

Por otro lado, también se logra reducir el precio de venta de la sidra al poderse recuperar totalmente los envases, no teniendo que pagar el público el gasto que representan las botellas que hasta ahora se han venido utilizando para envasarla, y las cuales no tienen ningún aprovechamiento posterior".

....

Bueno, bueno, bueno ¡sidra en sifón! Esto solo se le podía ocurrir a un "foriatu". Hay que tener en cuenta que el Sr. Fresno es maño. Pero aun así... ¡imperdonable!

Una evolución del sifón es el escanciador eléctrico de sidra. Algo que han patentado hasta los chinos

```
ELECTRIC APPLE WINE POURING DEVICE
Inventor: Jie Sesi
CN200988761 Y
16-05-1954
```

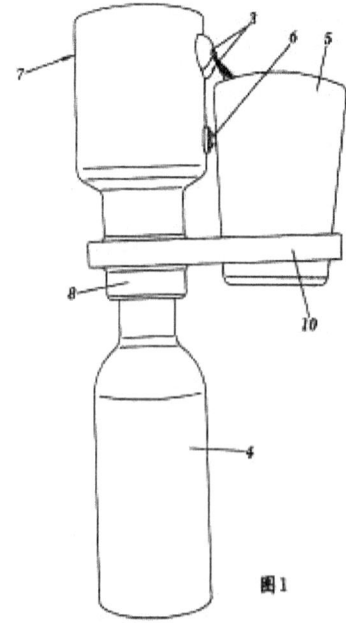

Pero la sidra hay que escanciarla como Dios manda, y para ello tenemos el siguiente invento.

Robot escanciador de sidra o bebidas similares

Inventor: José Rodríguez Álvarez
ES1060467 U
16-09-2005

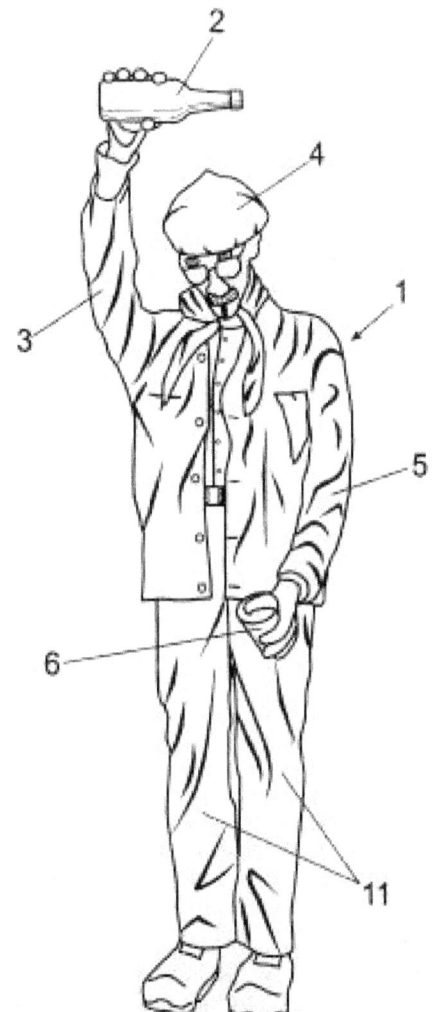

"Como es sabido, la sidra es una bebida que se obtiene gracias a la fermentación del zumo de manzana, debiendo ser escanciada al servirla para que se oxigene y se desprenda el anhídrido carbónico remanente de dicha fermentación, obteniendo así la espumosidad y sabor característicos.

La labor de escanciar la sidra no es tarea fácil, consistiendo básicamente en levantar la botella con una mano, mientras se sujeta el vaso verticalmente debajo con la otra, intentando que entre la botella y el vaso, exista la mayor distancia que se pueda conseguir, sin perder la verticalidad.

Se vierte suavemente la sidra con un fino chorro, que al impactar en la pared del vaso, produce los efectos deseados, es decir la oxigenación de la sidra al contacto con la atmósfera y el desprendimiento del anhídrido carbónico, con la correspondiente espumación y burbujeo.

Al igual que la sidra, existen otras bebidas de características similares que igualmente precisan ser escanciadas para ser consumidas correctamente.

Queda patente por tanto la considerable habilidad que requiere la maniobra de escanciado, dado el distanciamiento que debe existir entre la botella y el vaso haciendo imposible centrar la vista en ambos elementos a la vez y muy difícil calcular al mismo tiempo la trayectoria y caudal del chorro, ya que uno y otro variarán en función del grado de inclinación de la botella.

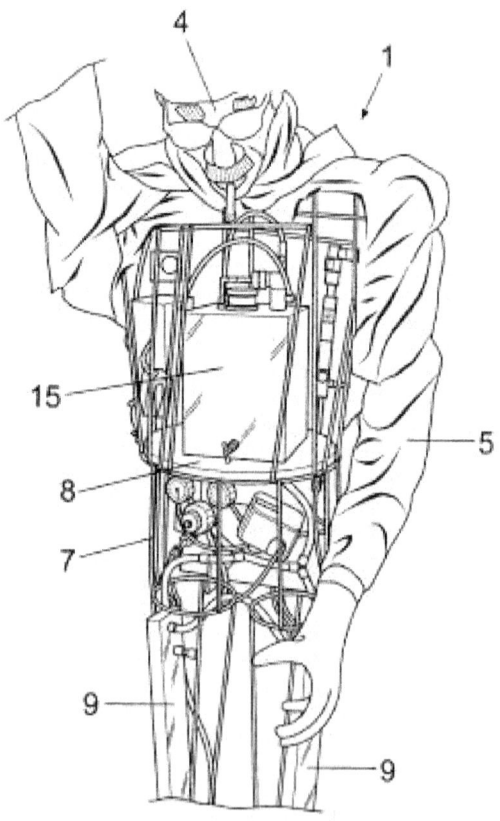

En la actualidad, y como referencia al estado de la técnica, debe mencionarse que para resolver esta dificultad existen algunos modelos de escanciadores automáticos. Sin embargo, cabe señalar que el peticionario del presente modelo de utilidad desconoce la existencia de un robot escanciador de sidra que presente unas características técnicas, estructurales y constitutivas semejantes a las que preconiza la presente invención.

Con la presente invención se ha ideado un robot escanciador de sidra o bebidas similares que resuelve la problemática de la dificultad del escanciado ofreciendo al mismo tiempo un elemento simpático y atrayente propiciando una fidelización del consumidor hacia el establecimiento en que se ubica.

De forma más concreta, el robot adopta exteriormente una configuración humana de aspecto parecido a un maniquí ataviado con el traje y el pañuelo tradicionales y aspecto simpático, sosteniendo una botella en una mano con el brazo levantado sobre su cabeza y manteniendo los dedos de la otra mano de forma que sostengan el vaso que el consumidor colocará en ella.

En su interior alberga los mecanismos funcionales, constituidos por sendos calderines con aire a presión y válvula de seguridad ubicados en las piernas, un compresor insonorizado que introduce el aire en los mencionados calderines, un presostato que pone la presión de los calderines a 5 kg y un manorreductor que la reduce a 1,5 kg para adecuarla, un depósito para la sidra o bebida a escanciar, una electroválvula que controla el paso de la sidra a la botella, y finalmente otra electroválvula que al abrirse y dar paso al aire empuja el émbolo de un cilindro que aporta el movimiento al brazo y la cabeza del robot.

El control del robot de la invención se realiza a distancia mediante un mando de radiofrecuencia que, con dos botones, controla la apertura de la electroválvula de escanciar, que permite el paso de la sidra o bebida similar hacia la botella y que de allí cae al vaso, y la apertura de la segunda electroválvula, que obviamente sólo se abrirá al cerrarse la primera, moviendo el émbolo o pistón del cilindro que a su vez articula el brazo y lo eleva para ofrecer el vaso lleno al consumidor, al tiempo que levanta la cabeza.

....

Nada menos que un" *androide astur*" que echa la sidra como tiene que ser y con la medida exacta de cada "*culín*". Tecnología del siglo XXI al servicio de la tradición.

Pero cuando uno bebe sidra ya se sabe que, más bien temprano que tarde, va a tener que aliviarse, y para hacerlo cómodamente está el invento que viene a continuación.

Almohadilla para reposar la frente (en urinarios masculinos)

FOREHEAD SUPPORT APPARATUS
Inventor: Eric D. Page
US6681419 B1
27-01-2004

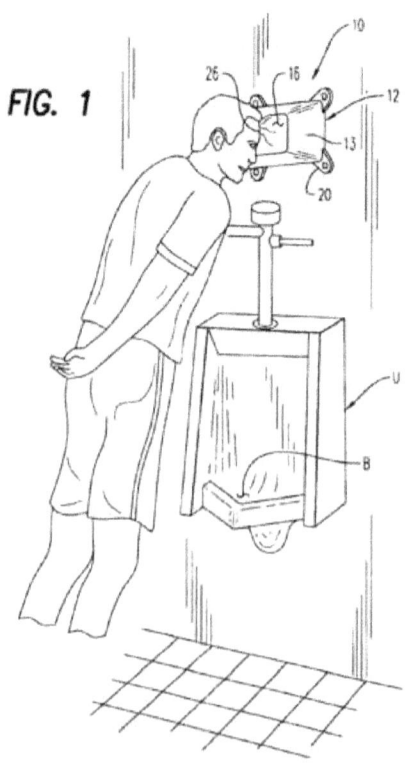

FIG. 1

"Un aparato de apoyo para la frente que permite, a usuarios que estén de pie, descansar contra la pared situada por encima de un inodoro o urinario o debajo de una ducha. El aparato incluye un elemento de montaje para fijación a una pared del baño en posición vertical, ya sea por encima del inodoro o urinario o por debajo de la alcachofa de ducha. Un soporte compresible para apoyar la cabeza que está unido al elemento de montaje que se extiende desde la pared. El soporte de cabeza define una superficie de apoyo para la frente elásticamente deformable o flexible que está separada por encima del suelo y de la pared a una distancia suficiente para que el usuario se apoye la frente contra el mismo y ser soportada al utilizar el inodoro o urinario".

....

¿Y si eres mujer y quieres usar uno de estos? ¡No hay problema! Para eso está el siguiente invento.

Dispositivo urinario femenino

Inventor; Jaime Alberto Zapata Cuadros
ES2286954 A1
01-12-2007

"La invención consiste en un dispositivo desechable que permite evacuar a las mujeres la orina en posición erguida. Para ello, el dispositivo está constituido a partir de un cuerpo laminar (1), impermeable, obtenido por troquelado, en el que se definen una serie de sectores simétricos (3-3'), (6-6'), y (8-8') respecto de una línea de plegado (2), que mediante su montaje a través de aletas, configura una especie de tronco de pirámide invertida abierto tanto superior como inferiormente, cuyo borde superior se adapta perfectamente a la anatomía de la mujer para permitir evacuar controladamente la orina a través de la abertura inferior (14), con la especial particularidad de que dicho dispositivo presenta una estructura tipo fuelle que le permite presentar una ocupación mínima de volumen en disposición inoperante".

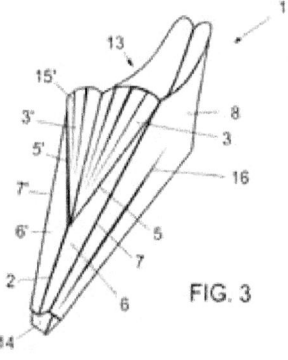

FIG. 3

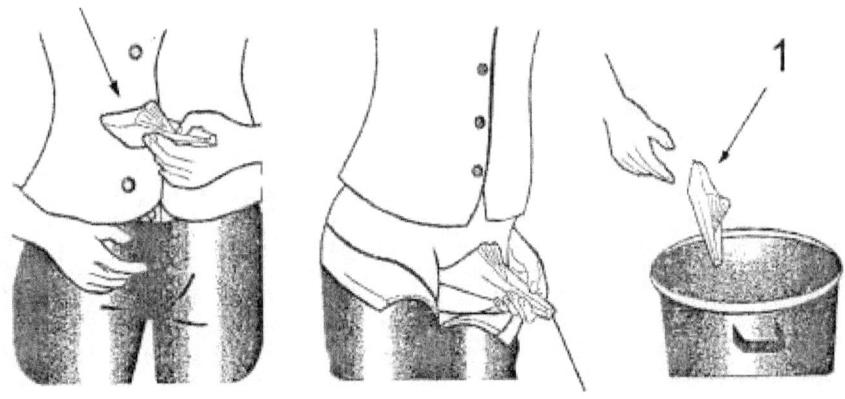

El siguiente invento, como éste, sólo es aplicable, al menos por el momento, a mujeres.

Dispositivo para facilitar el parto por centrifugación

APPARATUS FOR FACILITATING THE BIRTH OF A CHILD BY
CENTRIFUGAL FORCE
Inventores: Blonsky Charlotte E, Blonsky George B
US3216423 A
09-11-1965

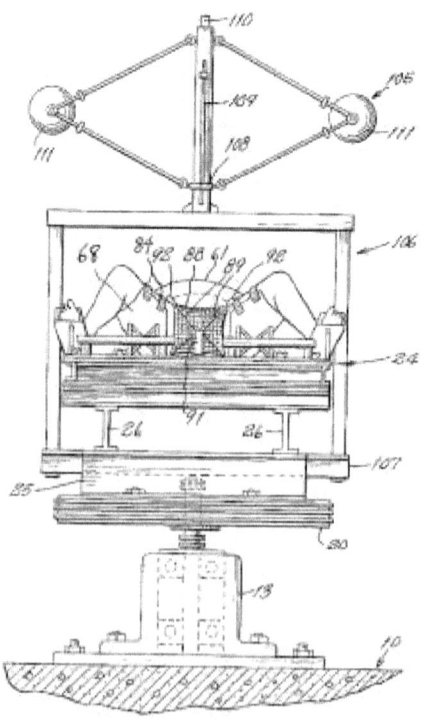

"Se sabe que, debido a las condiciones anatómicas naturales, el feto necesita de la aplicación de una considerable fuerza propulsora para que ésta pueda hacer a un lado las paredes vaginales que lo constriñen, para superar la fricción del útero y las superficies vaginales y para contrarrestar la presión atmosférica que se opone a la aparición del niño. En el caso de una mujer que tiene un sistema muscular plenamente desarrollado y que durante todo el embarazo ha realizado un amplio esfuerzo físico, como es común con todos los pueblos más primitivos, la naturaleza provee todo el equipamiento y el poder necesarios para tener un parto normal y rápido. Este no es el caso, sin embargo, de las mujeres más civilizadas, que a menudo no tienen la oportunidad de desarrollar los músculos utilizados durante el parto

El propósito principal de la presente invención es proporcionar un aparato que ayudará a la mujer con musculatura vaginal poco desarrollada, mediante la creación de una fuerza suave, adecuadamente dirigida, controlada con precisión y distribuida de manera uniforme, que actúa al unísono y complementa sus propios esfuerzos."

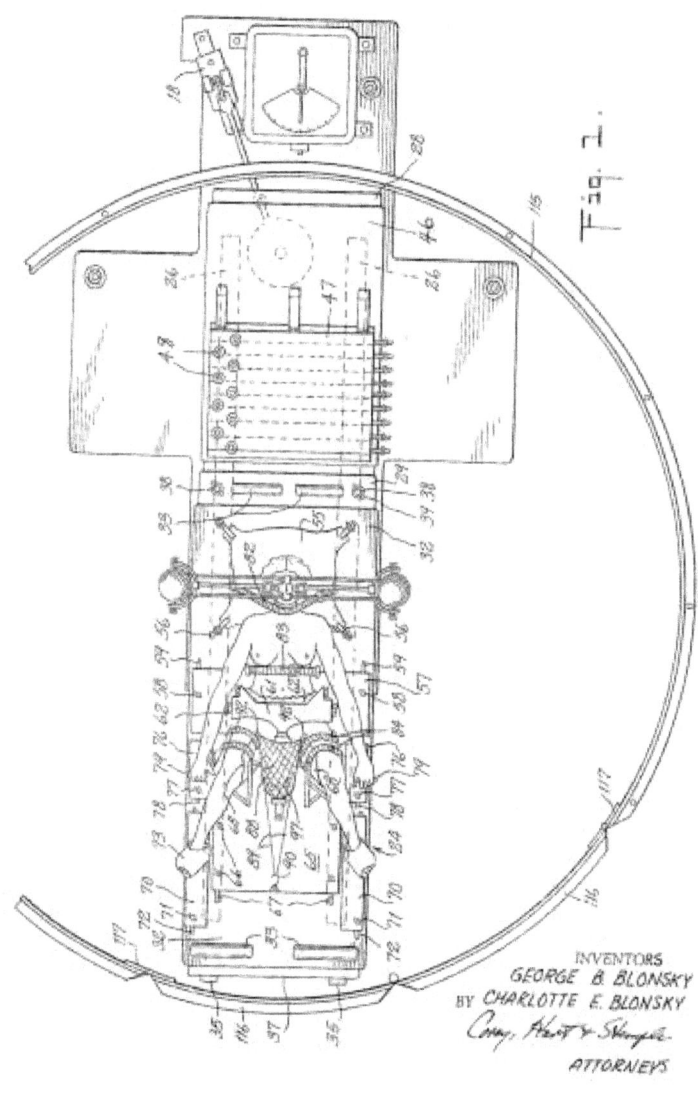

INVENTORS
GEORGE B. BLONSKY
BY *CHARLOTTE E. BLONSKY*
ATTORNEYS

Fig. 1.

....

    Patentes de adminículos para facilitar algunos de los actos humanos más naturales como mear de pie o parir rotando. La inventiva no discrimina en lo tocante al sexo de las criaturas a las que se destinan los inventos. La siguiente patente sigue en esa misma línea de hacer la vida más cómoda a las personas y es, en este caso, una patente unisex.

Estación de trabajo para usar un PC acostado

COMPUTER WORKSTATIONS
Inventores: David M. Baus, Gary T. Lobdell, Kevin J. Gould
US6021535 A
08-02-2000

"La presente hace referencia a una estación de trabajo y, más particularmente, a una nueva y mejorada estación de trabajo que permite a un usuario operar un ordenador desde una posición acosada personalizada, evitando así los múltiples problemas físicos atribuibles al uso prolongado de un ordenador en posición de sentado".

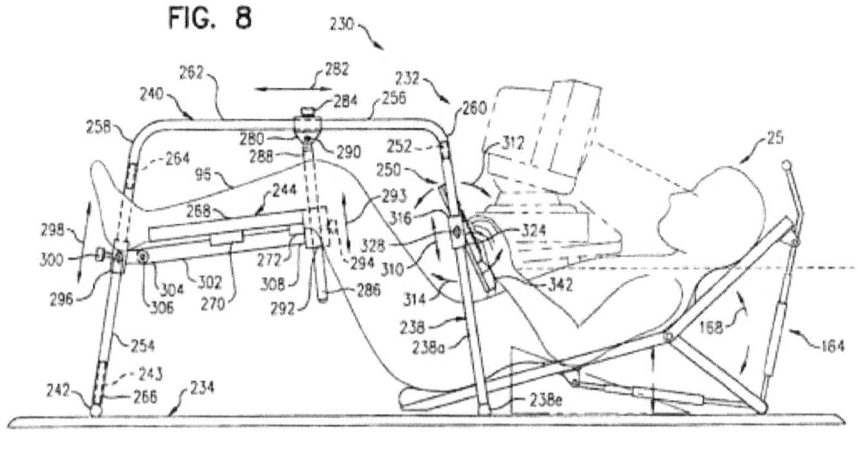

FIG. 8

Pero no todas las patentes están pensadas para hacernos la vida más fácil a los humanos (supongo, lector, que no eres un alienígena ni de especie diferente a la humana). Algunas patentes también han sido concebidas para facilitar la vida de los animales. Ejemplo de ello es la fantástica escalera para arañas atrapadas en una bañera. Un invento que, sin duda, la comunidad arácnida esperaba desde hace tiempo.

Escalera para arañas atrapadas en una bañera

SPIDER LADDER PROVIDED WITH MEANS FOR ATTACHMENT TO AN
ITEM OF SANITARY WARE
Inventores: Edward Doughney, Patrick Thomas
GB2272154 A
12-08-1993

"Una escalera de arañas comprende una tira delgada y flexible de goma de látex (1) y una ventosa (5). La tira está diseñada para seguir los contornos interiores de una bañera. La ventosa (5) permite que la tira sea colocada en, o cerca, del borde superior de la bañera. En uso, la almohadilla de succión se coloca en, o cerca, del borde superior de una bañera y se deja que la tira caiga por gravedad por el interior de la bañera. Las arañas atrapadas en busca de una ruta de escape podrán subir por la escalera de arañas por medio de (2) y (3), los peldaños interiores y exteriores respectivamente".

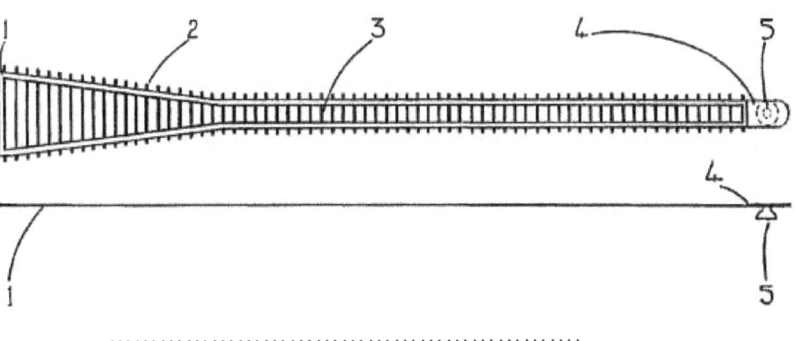

En la misma línea de hacer la vida de los animales más fácil y llevadera, está el pañal para palomas y otros pájaros descrito en la siguiente patente. Algo que, sin duda, las palomas agradecen; ya que ellas no son culpables de que el apretón les sobrevenga en los momentos más inoportunos y dejen todo perdido con sus deposiciones. Hecho éste por el que las palomas se sienten tremendamente abrumadas.

Pañal para pájaros

BIRD DIAPER
Inventores: Lorraine Moore, Mark Moore, Cely Giron
US5934226 A
10-08-1999

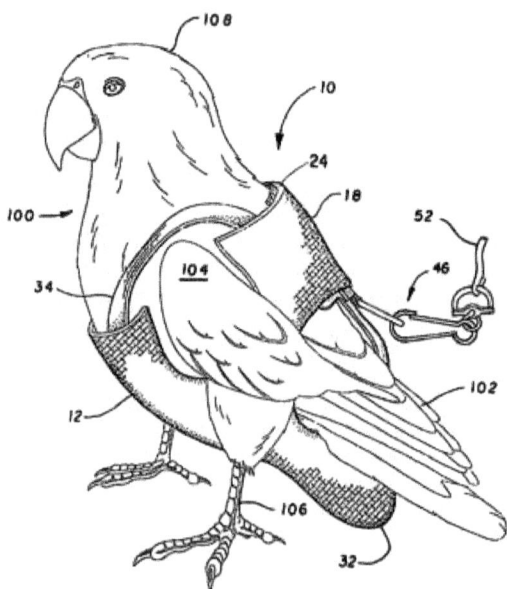

"Un pañal para colocar en aves mascota que no estén enjauladas, consistente en un bolsa cerrada para alojar excrementos, que posee aberturas para acomodar las alas y la cola del ave. Correas elásticas, ganchos y cintas adhesivas (por ejemplo, VELCRO) ajustan el pañal al cuerpo del ave mascota sin restringir el movimiento. El pañal de aves se fabrica a partir de un elastómero (por ejemplo, LYCRA) u otro material elástico y ligero, que permite la absorción de excrementos de aves evitando escapes y facilitando una fácil limpieza con agua y jabón. El pañal puede incorporar diseños decorativos, colores brillantes y está disponible en diferentes tamaños. El pañal de aves también tiene una correa que se puede insertar dentro de una argolla. La correa sirve para restringir o limitar el área de vuelo libre de las aves".

....

Pues hala, ya puedes sacar a pasear, quiero decir a volar, a tu pájaro mascota con su pañal y su correa.

Después de este pañal para pájaros, el siguiente invento hispano-chino, consistente en un pañal para perros y gatos, casi que resulta de lo más normal. Vamos que es algo que no sé por qué no llevan ya todas las mascotas.

Pañal para mascotas

Inventores: Zhu Shun Da, Zhan Kang Da, Zhan Jun Da
ES2158753 A1
10-08-1999

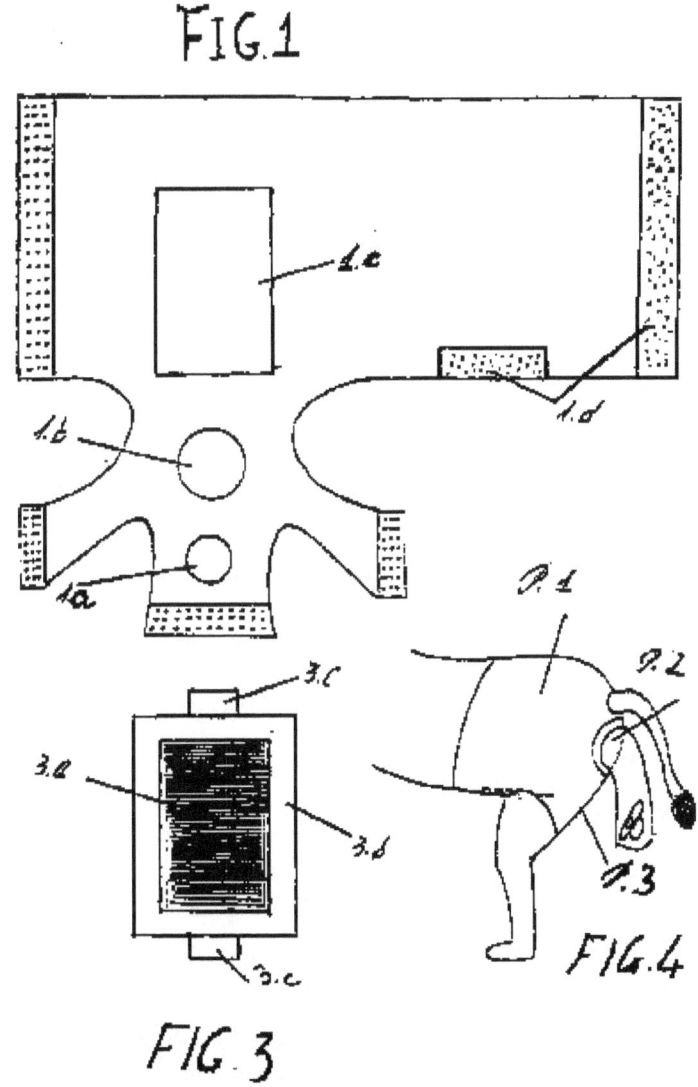

FIG.1

FIG.3

FIG.4

"El pañal para mascotas está formado por tres piezas que unidas entre sí darían estructura a la invención: la pieza principal es una prenda que cubre toda la parte trasera de las mascotas con sujeción mediante velcros. Se caracteriza por tener dos agujeros situados en donde están la cola y el ano, y una abertura rectangular situada en donde está el aparato urinario. De esta manera, permite al animal sacar la cola y expulsar el desecho. La segunda pieza (recambiable) tiene como finalidad recoger el excremento expulsado. Está constituida por una bolsa plástica flexible en forma de tubo y está especialmente doblada con el sistema semejante al de un acordeón para que se pueda incorporar en un pequeño disco hueco y desplegarse cuando hay expulsión de excrementos. Además, la apertura de la bolsa está unida directamente a los bordes de la parte superior del disco y éste está dotado de un ala circular adhesiva con pequeños agujeros que sirve para pegarse en el contorno del agujero de la prenda que corresponde al del ano. La última pieza (recambiable) es una compresa absorbente con alas laterales adhesivas, permitiendo así pegarse al entorno de la abertura rectangular citada anteriormente".

....

Guapo, guapo, el invento de los hermanos Da. ¿A que es una "pasaDa"?

Pero ¿qué pasa si tu mascota es una serpiente? Pues con el siguiente invento también podrás sacar a tu serpiente de paseo de la forma más natural.

Collar y correa para pasear serpientes

COLLAR APPARATUS ENABLING SECURE HANDLING OF A SNAKE BY
TETHER
Inventor: Donald Robert Martin Boys
US6490999 B1
12-10-2002

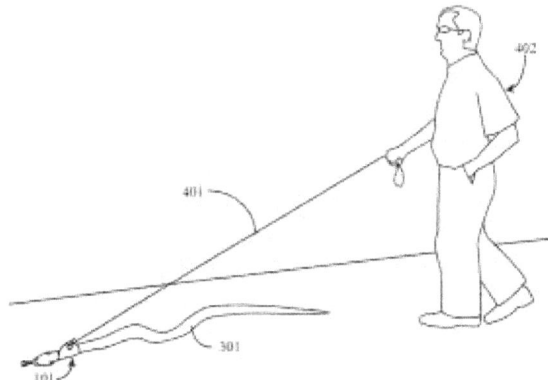

"Hay muchos propietarios de serpientes que no pasan mucho tiempo con su mascota. Esto es en gran parte debido a que constantemente han de estar sujetándola con mucha atención y cuidado, por miedo a perder el control sobre la serpiente. Dejar sola una serpiente en una sala o en el exterior puede resultar en la pérdida de la serpiente, ya que puede escurrirse por una grieta, agujero u otro escondite desapercibido, por lo que resultará difícil, si no imposible, recuperar la serpiente.

Como resultado, la mayoría de las serpientes se mantienen en el interior durante todo el año bajo condiciones poco óptimas de iluminación (luz artificial). Sería beneficioso si los propietarios de serpientes pudieran pasar más tiempo al aire libre con sus animales, ya que se sabe que la luz natural del sol y el calor que produce es muy beneficioso para la salud de cualquier reptil. Por ejemplo, un reptil expuesto a una mayor radiación solar tendrá su piel en mejores condiciones que otro que se ha mantenido en la oscuridad o en condiciones de poca luz.

Los collares estándar de animales como los diseñados para perros y gatos, no están pensados para el tipo de cuerpo de una serpiente, ya que la serpiente no tiene extremidades. Una serpiente se desplaza mediante un movimiento de acordeón en el que los músculos del vientre se mueven en conjunto impulsándola hacia adelante. El movimiento de acordeón de una serpiente junto con la capacidad de alterar la circunferencia de su cuerpo, le permite escapar fácilmente de cualquier collar estándar de estilo cuello.

Por tanto, es clara la necesidad de un collar para serpientes y el mecanismo que permita atar una serpiente de una forma segura y permitiendo a la serpiente moverse libremente dentro de un área restringida".

....

Y si quieres alimentar a tu serpiente, también puedes llevarle la comida en esta especie de chaleco tubular transparente para pasear ratones, hámsteres y otros animalillos similares.

```
PET DISPLAY CLOTHING
Inventor: Brice Belisle
US5901666 A
11-05-1999
```

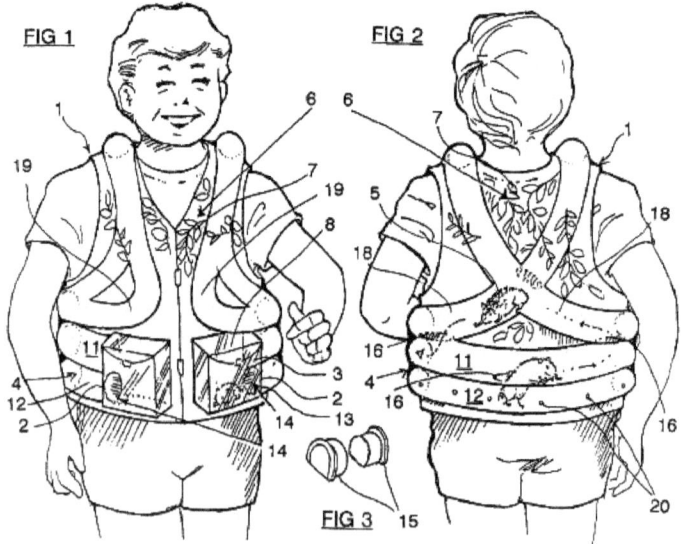

De todas formas no creo que ninguna mascota se sienta muy feliz con sus movimientos restringidos ya sea por el pañal, la correa de marras o un tubo. Esto, a la larga, seguro que las aboca al sedentarismo.

Pero el siguiente invento ha sido concebido para, precisamente, evitar que las mascotas, concretamente los gatos, caigan en una vida sedentaria.

Método para que un gato haga ejercicio

METHOD OF EXERCISING A CAT
Inventores: Kevin T. Amiss, Martin H. Abbott
US5443036 A
22-08-1995

"Los gatos no tienen predisposición hacia el ejercicio aeróbico, con lo que generar situaciones lo suficientemente interesantes para que el felino haga ejercicio, aunque sea durante un periodo corto, se convierte en un problema para el dueño que busca la salud y bienestar de la mascota.

El método para inducir a los gatos a hacer ejercicio consiste en dirigir un haz de luz producido por un puntero laser en el suelo o en la pared u otra superficie opaca en las proximidades del gato, a continuación, se mueve el láser de forma irregular, lo que resulta fascinante para los gatos, y para cualquier otro animal con un instinto de caza.

El gato (20), intrigado por el movimiento nervioso del haz de luz, experimenta un impulso de persecución juguetona y saludable y sigue el rayo de luz de en movimiento, beneficiando su sistema cardiovascular y respiratorio, facilitando el control de su peso y mejorando el tono muscular del animal".

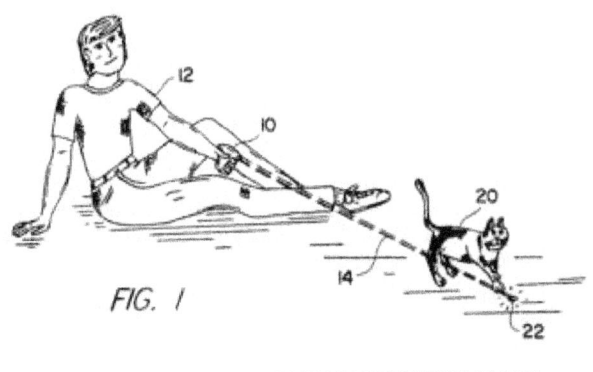

FIG. I

....

Un simple puntero laser contenta a gatos deportistas y dueños sedentarios reconvertidos en entrenador personal de mascotas. Y es que los gatos, a lo que parece, son fáciles de conformar. Aunque cuando se trata de perros deportistas la cosa puede llegar a complicarse más.

Equipo de buceo canino

CANINE SCUBA DIVING APPARATUS
Inventor: Dwane L. Folsom
US6206000 B1
27-03-2001

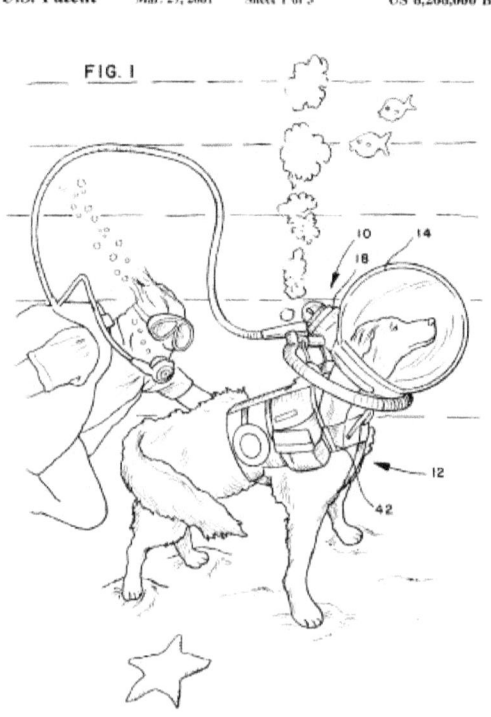

FIG. 1

"La invención es un aparato especial de buceo modificado para uso de un animal, y más concretamente para el famoso perro buceador "Shadow". La invención incluye una escafandra, un arnés para sostener la escafandra y una fuente de gas respirable, un regulador especial que proporciona un suministro de gas respirable al interior de la escafandra, un tubo para expulsar el aire exhalado y el agua residual de la escafandra no presurizada, y un sistema de pesos para compensar la flotabilidad del usuario, y para contrarrestar el momento neto creado alrededor del centro de flotabilidad. El sistema de respiración incluye un intercomunicador para un silenciador. También puede ser incluido proporcionar instrucciones de voz.

....

¡Qué animalitos, estos!

Peor suerte han tenido con esto de las patentes los pobres ratones que, como se verá en la siguiente patente, también han sido inspiración de inventores.

Trampa para animales (la solución definitiva)

ANIMAL-TRAP
Inventor: James A. Williams
US269766 A
26-12-1882

"Mi invención se refiere a una mejora en las trampas para animales; y consiste en la combinación de un soporte sobre el que se asegura un revólver o pistola, un pedal fijado al extremo frontal del soporte, y un resorte y palancas mediante las cuales al arma de fuego se dispara al pisar el animal el pedal, como se describirá más completamente en lo sucesivo".

....

Vamos a dejarnos de tonterías y de ridículos cepos para ratones... Si es que por algo lo llamaban el "*salvaje oeste*". En fin, mala suerte para los ratones que hayan sido abatidos por la trampa.

Sin embargo, en el siguiente invento, también pensado para animales, la buena o mala suerte es relativa. Depende del punto de vista.

Trampa para pájaros y dispensador de comida para el gato

BIRD TRAP AND CAT FEEDER
Inventor: Leo O. Voelker
US4150505 (A)
24-04-1979

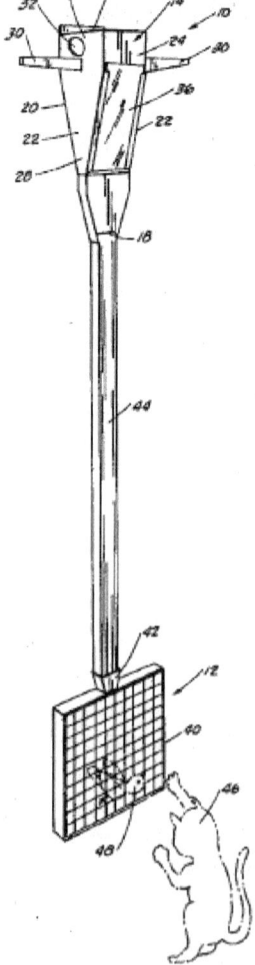

"Hasta ahora, ha habido una variedad de diferentes tipos de trampas para aves consistentes en atrapar las aves en diferentes tipos de jaulas. Sin embargo, ninguna de estas trampas permite la captura de un gorrión y los medios para alimentar el gorrión a un gato.

La presente invención describe una trampa para la captura de aves y la alimentación de las aves a un gato. La trampa está diseñada para atrapar pájaros del tamaño de un gorrión, dejando escapar aves más pequeñas como reyezuelos, golondrinas, o similares. El alimentador proporciona un suministro continuo de gorriones a un gato o a los gatos del vecindario".

....

Mala suerte para los gorriones, buena suerte para los gatos.

Y ya puestos a hacer escarnios con los pobres animalillos, la siguiente patente describe una invención que tampoco debe ser muy del agrado de las pobres criaturas a las que se les practique la operación que propone.

Cirugía para crear unicornios

SURGICAL PROCEDURE
Inventor: Timothy G. Zell
US4429685 A
07-02-1984

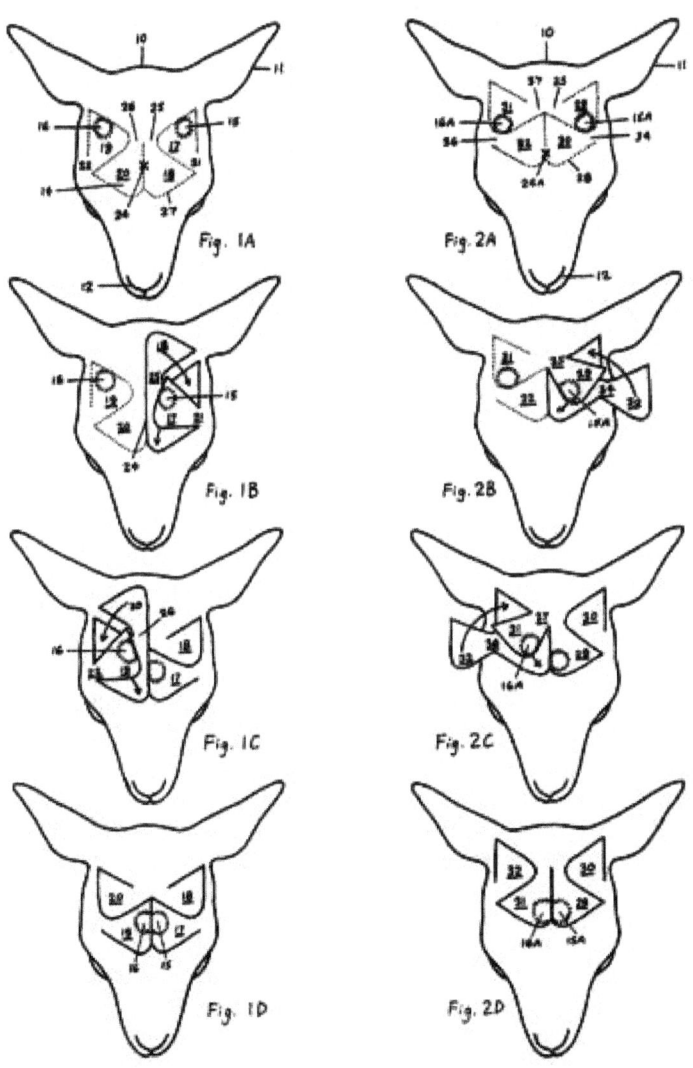

Fig. 1A

Fig. 2A

Fig. 1B

Fig. 2B

Fig. 1C

Fig. 2C

Fig. 1D

Fig. 2D

El unicornio, tanto en la mitología como en la historia, posee una reputación única como un animal valiente, hermoso y protector de otras bestias. Una teoría explica como el unicornio fue desarrollado por cuidadores de rebaños para la protección de la manada. El único cuerno en posición central es un arma letal que sirve para protegerse de animales depredadores. Se cree que los pastores no deseaban emplear perros u otros animales como guardias, ya que son consumidores de carne y caros de mantener.

El propósito de la presente invención es proporcionar un método mejorado para crear un unicornio que se cree poseerá una capacidad mental superior y mayores capacidades físicas.

El método de formación de un unicornio a partir de un animal que tiene de forma natural un cuerno en cada lado de la cabeza implica dos cortes de la piel, uno a cada lado de la cabeza y extraer el brote cuerno un momento antes de la fijación de la yema en el cráneo. También se seccionan las segundas capas de piel, a cada lado de la parte frontal de la cabeza y en alineación con el área general de la glándula pineal dentro del cráneo. Los trozos de piel son levantados del cráneo pivotando [...]. A partir de entonces los cuernos resultantes crecen como uno y se conectan con la parte frontal del cráneo directamente sobre la glándula pineal para dar lugar a un unicornio con una mayor inteligencia y mejores atributos físicos".

....

Impresionante documento en el que, en repetidas ocasiones, se hace hincapié en el hecho de que el unicornio resultante poseerá *"una mayor inteligencia"*. Pero la cuestión es: ¿mayor inteligencia qué quién? Hecho éste que no aclara la patente, por lo que quizá deba inferirse que el unicornio resultante poseerá una *"capacidad mental superior"* a la del propio inventor.

A la vista de los inventos anteriores, quizá las mascotas debieran contratar la póliza de seguro que se propone en la siguiente patente.

Método para fomentar el cuidado de mascotas y paquete para este fin

Inventor: Paul Anthony Zaffiro
MXPA05009390 A
07-04-2006

"Un método para fomentar el cuidado de mascotas, al proporcionar una póliza de seguro para la mascota; por lo habitual la póliza de seguro es para la salud de la mascota; se proporciona un paquete al cuidador de la mascota; el paquete comprende una póliza que brinda un periodo variable de cuidados para la mascota obtenidos mediante el seguro; al menos alguna porción del periodo variable del seguro de cuidados se paga por terceros; por lo habitual, los terceros buscan promover sus productos en colaboración con el seguro ofrecido al cuidador; el cuidador puede comprar periodos variables futuros de la póliza de seguro u otros productos, en caso de haberlos, provistos en el paquete; otros productos incluidos en el paquete pueden comprender alimentos/medicamentos considerados beneficiosos para la salud de la mascota, un sistema de rastreo para mascotas, y/o un sistema de delimitación de zonas geográficas".

....

Tampoco estaría mal añadir a la póliza un seguro de vida para las vacas que usen el siguiente invento. Una chispa accidental y tenemos una vaca voladora.

Proceso para la utilización de las emisiones de metano de animales rumiantes

PROCESS FOR THE UTILIZATION OF RUMINANT ANIMAL METHANE
EMISSIONS
Inventor: Markus Donald Herrema
US6982161 B1
03-01-2006

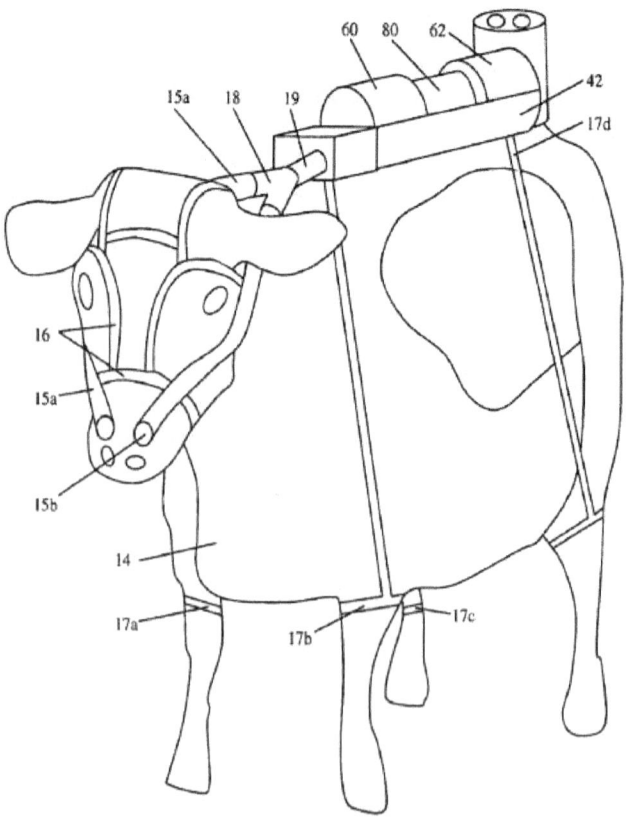

"Las emisiones de metano de los rumiantes representan aproximadamente el veinte por ciento del total de las emisiones de metano a nivel mundial y el metano en la atmósfera contribuye con alrededor del veinte por ciento al calentamiento planetario. Además de los efectos destructivos para el medio ambiente, las emisiones de metano de los rumiantes suponen un derroche de energía ya que hasta un trece por ciento de los alimentos ingeridos por los rumiantes se pierde en forma de metano.

La presente invención se refiere a un procedimiento para la utilización del metano contenido en las emisiones gaseosas de animales rumiantes, específicamente a un proceso que utiliza el metano contenido dentro de la exhalación del animal rumiante como fuente de carbono y/o de energía que son utilizadas por los microorganismos contenidos en un dispositivo que permite el cultivo y crecimiento de estos microorganismos".

....

A pesar de que el invento es amigable con el medioambiente, aprovecha mejor la energía y reduce emisiones contaminantes, no acabo yo de ver lo de las vacas mochileras. Aunque esto de recoger los excrementos de las vacas da para mucho ya que también hay mochilas para recoger la orina de las vacas.

```
ADJUSTABLE PERINEAL HARNESS AND URINE COLLECTION DEVICE
Inventora: Daira Velda Vella
EP1337141 B1
15-07-2009
```

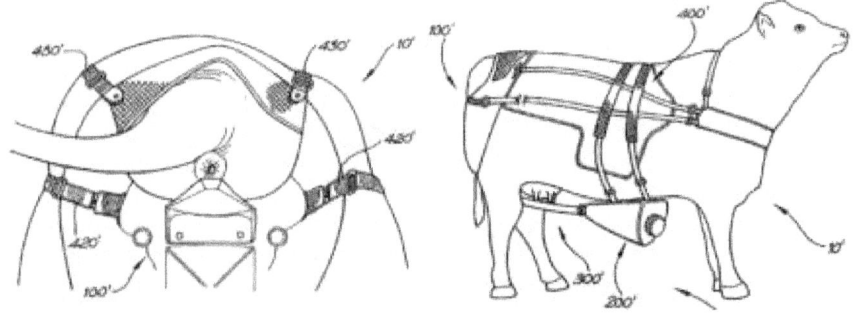

Siguiendo con las patentes relacionadas animales domésticos y mascotas, la que viene a continuación puede resultar de gran utilidad para que las criaturas puedan calcular de una forma mucho precisa el tiempo que les queda de vida que, a tenor de las patentes vistas hasta ahora, cada vez parece que va a ser más corto.

Método para medir el tiempo a un ritmo diferente al del tiempo humano (reloj para animales)

CLOCK FOR KEEPING TIME AT A RATE OTHER THAN HUMAN TIME
Inventores: Rodney H. Metts, Barry D. Thomas
US5023850 A
11-06-1991

Fig.1

"Los relojes miden el paso del tiempo en una escala humana, o en términos de tiempo humano. En concreto, un día se define por una sola rotación de la Tierra sobre su eje; el día se divide arbitrariamente en veinticuatro horas. Cada hora se divide en minutos, los minutos en segundos. Un día, un minuto, un segundo tiene valor a un ser humano en términos de la vida de un hombre; una semana tiene un valor mayor que un día; un año, un valor aún mayor. Los humanos programan sus actividades con estos valores en mente.

Los animales, como los perros, viven vidas más cortas, medidas en términos de tiempo humano, que las personas. Un perro que vive 10 años ha vivido una vida plena; un hombre debería vivir, al menos, 77 años para vivir una vida plena. La relación entre los tiempos de vida de los seres humanos y los perros se puede relacionar estableciendo los periodos de tiempo en "años perro." Dos años humanos son 14 "años perro". Aunque esta relación podría quizá ser útil para determinar si un perro u otro animal están en plena madurez o no, es de poca ayuda para el dueño de una mascota a la hora de poner el valor adecuado al tiempo del animal. Varios animales tienen diferentes vidas. Por ejemplo, los caballitos de mar y las ratas viven un promedio de tres años humanos, las palomas viven tres años y medio; los peces de colores y los hámsteres viven 5 años humanos; los cerdos 9 años; los perros 11 años; los gatos 18 años; los castores 12 años; las langostas 15 años; los murciélagos, lobos y caballos viven 20 años; los delfines 25 años; los osos pardos 47 años y los osos polares 33 años; los gorilas 45 años; los caimanes 50 años; los elefantes 60 años y las tortugas gigantes 100 años. Todos ellos tienen un múltiplo correspondiente que permite relacionarlos con el tiempo humano.

El dispositivo comprende un alojamiento para el mecanismo, una fuente de frecuencia que produce pulsos, medios para producir 60 pulsos por segundo multiplicados por el múltiplo para cada animal en particular, medios para guardar este tiempo y medios para visualizar la hora. La pantalla es como la esfera de un reloj normal con la velocidad de las manecillas alterada, preferiblemente con una pantalla digital que indica el número de días trascurridos desde el último cumpleaños en los días animales. Puede tener una pantalla digital que indica el tiempo en términos humanos y una pantalla analógica que indica el tiempo en términos animales o, en su defecto, la capacidad para cambiar de un tiempo a otro. De forma preferiblemente, una resistencia variable, entre la fuente de frecuencia y los mecanismos, permite al usuario cambiar el múltiplo para los diferentes tipos de animales".

....

¡Ríete tú de los *"esmarguach"*! Este reloj perruno es justo lo que los dueños de macotas necesitaban para poder celebrar como es debido los cumpleaños de sus queridos animales el número de veces que realmente corresponde. Así, por ejemplo, si tu mascota es una langosta podrás celebrar con ella los 5 cumpleaños que por cada año tuyo tendrá ella. ¡Todo un invento!

Lo cierto es que posiblemente los animales, en general, deben preferir que los humanos los dejemos tranquilos y nos dediquemos a nuestras cosas. Esto es lo que sin duda debió pensar el inventor del simulador del toreo de salón. ¿Quién quiere lidiar con un morlaco real pudiendo hacerlo virtual y tranquilamente en el salón de su casa usando un videojuego? Desde luego, el toro no.

Procedimiento informatizado para simular virtualmente el toreo de salón

Inventor: Jesús Ciudad Colado
ES2234384 A1
16-06-2005

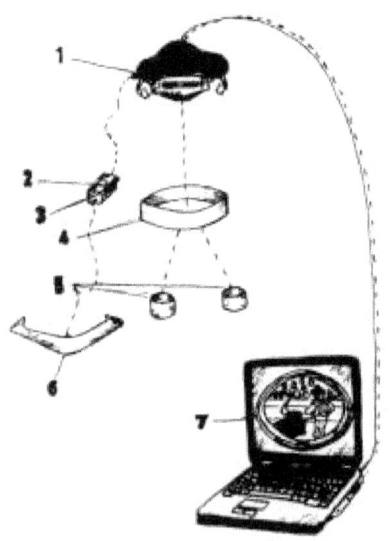

"El desarrollo de aplicaciones informáticas en combinación con dispositivos físicos de control electrónico ha permitido, por ejemplo, realizar simulaciones de vuelo que permiten a los futuros pilotos adquirir unas primeras habilidades sin asumir el riesgo y los costes de volar en un avión real. También son conocidas las simulaciones de conducción que permiten al usuario sentarse en los salones recreativos al volante de un coche en reposo y realizar virtualmente auténticas carreras de coches. Así, serían muchas las simulaciones que se podrían llevar a cabo, creando para cada una de ellas aplicaciones y dispositivos específicos que vendrán dados en función de los procesos de innovación en marcha y la utilidad que presenten sus resultados en el mercado.

El estado actual de la técnica no aporta, sin embargo, aplicaciones que permitan al usuario realizar un toreo virtual con muleta o capote real incluido, como es el caso de la presente invención, la cual aporta respecto al toreo convencional las siguientes ventajas: (i) se puede torear sin asumir ningún riesgo; (ii) es accesible a cualquier persona que trate de iniciarse en el toreo; (iii) facilita el entrenamiento de los profesionales y aficionados del "mundo del toro"; (iv) permite introducir de forma práctica el mundo taurino en sectores interesados; (v) permite organizar corridas de toros virtuales.

Descripción de la invención: el equipo informatizado para simular virtualmente el toreo de salón objeto de la presente invención está constituido a partir de una aplicación informática de control o software de simulación de corrida de toros y el dispositivo físico o hardware compuesto de montera provista de gafas de reproducción de imágenes en tres dimensiones, auriculares de sonido envolvente, computador y batería, sensores de distancia al toro, botón de arranque y control de distancia al toro y, por último, capote o muleta. Adicionalmente, la montera virtual incluirá una videocámara que permitirá captar la imagen del torero y una pantalla donde otros espectadores podrán visualizar las imágenes del torero en la plaza virtual. Así mismo, podrá incluir una cámara digital a partir de la cual se podrán elegir las fotografías del momento concreto de la lidia que se desee".

¡Ole, ole y ole! Se acabaron los conflictos entre taurinos y anti-taurinos. Todos con unas gafas de realidad virtual y a disfrutar de las corridas de toros sin necesidad de utilizar en el festejo a ningún pobre animal.

Pero éste no es, ni mucho menos, la única muestra del gran ingenio español a la hora de combinar tecnología y tradición. ¿Crees que la integración de teléfono y cámara de fotos en un único dispositivo fue un invento revolucionario? Pues eso no es nada comparado con la combinación de tecnologías que propone la siguiente patente.

Botijo con caja de música incorporada

Solicitante: Compañía internacional de promociones y
patentes S.A.
ES0293950 U
03-05-1986

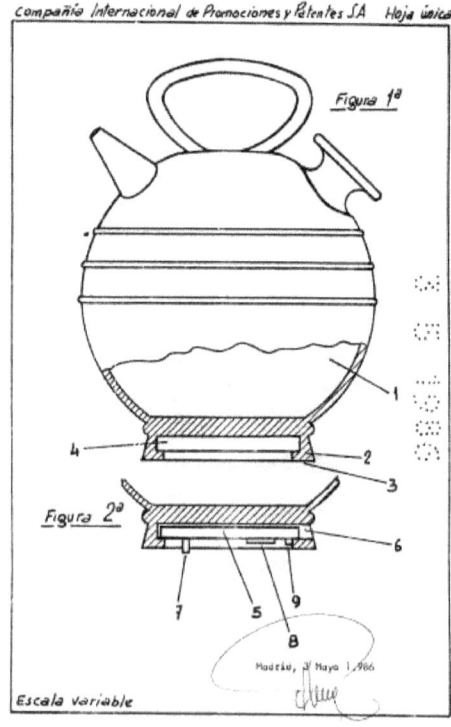

Compañía Internacional de Promociones y Patentes S.A.   Hoja única

Figura 1ª

Figura 2ª

1
4
2
3
6
7   5   9
8

Madrid, a/ Mayo 1,986

Escala variable

"Consiste este modelo en un botijo, que presenta la característica de disponer inferiormente de un alojamiento para una caja de música, formado entre una pestaña anular proyectada sin solución de continuidad desde la propia base, que conforma una proyección de tipo troncocónico, de manera que este alojamiento resulta de tipo cilíndrico de poca altura y es accesible desde el costado, fijándose en él la caja de música mediante un tornillo, con lo cual, actúa la misma sin más que elevar el botijo, por la presencia de un apéndice que sobresale hacia abajo y que se expande al levantarlo y se retrae al apoyarlo".

....

Un botijo musical para refrescarse después de leer del tirón la frase única usada para describirlo.

El siguiente invento corresponde a un innovador diseño de una botella inspirada en la tauromaquia. Lo que viene a ser la combinación de las dos patentes anteriores. En esto caso no lleva caja de música, pero sí unas castañuelas para seas tú mismo quien ponga el ritmo. Lo curioso de semejante híbrido, es que se haya patentado en Estados Unidos.

Botella con forma de toro

BOTTLE WITH BULL FORM
Inventor: José Antonio Pérez Alcaraz
USD500248 S1
28-02-2004

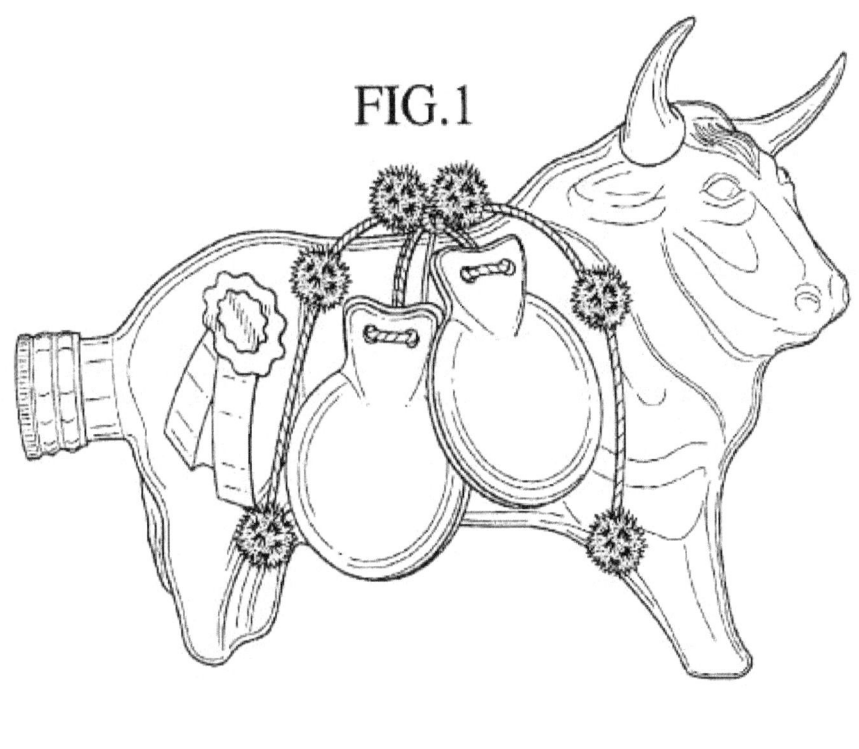

FIG.1

¿Será una mera coincidencia que la fecha de publicación sea el 28 de diciembre, día de los Santos Inocentes?

Otro objeto de uso cotidiano que, en principio, parecería admitir poca innovación es la cuchara. Pues bien, nada más lejos de la realidad. De hecho existen multitud de patentes cuyo objeto es el de mejorar la tradicional cuchara. Algunas de las más destacadas se muestran a continuación.

Cucharas *"made in Spain"*

CUCHARA SEMICIRCULAR
Inventor: Roger Morral Palacín
ES1062106 U
01-06-2006

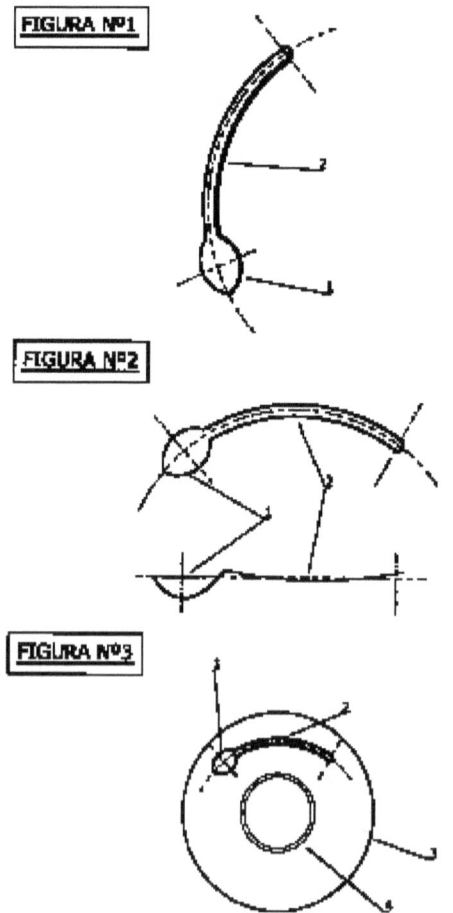

FIGURA Nº1

FIGURA Nº2

FIGURA Nº3

"La cuchara de la invención presenta una nueva particularidad añadida sobre las cucharas de tipo convencional. Puede colocarse encima de un plato circular, sin que sobre, manteniéndose al borde de éste. Para ello, la cuchara de la invención se ha dotado de un mango semicircular".

....

Pues conste que se trata de la patente de un *"modelo de utilidad"*.

Pero si no estás muy convencido de que la cuchara en curva sea útil para algo, veamos si la siguiente te convence más.

72

CUCHARA PERFECCIONADA
Inventores: Fernando Fernández Soriano, Silvia Espona
Massana,
ES1066974 U
01-04-2008

"El uso de las cucharas como accesorio para poder ingerir sopas, cremas, o similar, es un hecho conocido. Por lo general, este tipo de alimentos se sirven calientes, hecho que puede resultar molesto para algún comensal. El contacto del alimento caliente con la boca del usuario puede provocar una sensación de quemar nada agradable para el usuario.

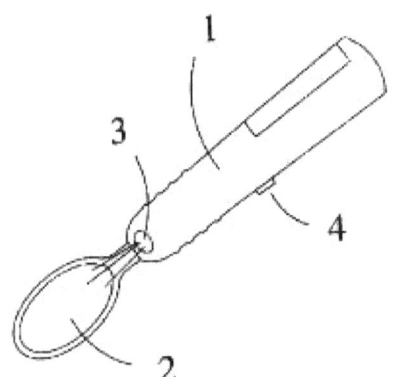

La cuchara perfeccionada, es del tipo que comprende una porción de agarre o mango y una porción destinada a contener el alimento a ingerir, tal como, sopa, crema, o similar, y se caracteriza por el hecho de presentar medios de soplado aptos para insuflar aire sobre la porción destinada a contener el alimento a ingerir de tal modo que se reduce la temperatura del alimento.

Particularmente, los medios de soplado están, preferentemente, conformados por una boca de salida del aire a insuflar asociada a un ventilador generador de aire que, a su vez, está asociado a un motor eléctrico vinculado a una batería, y un interruptor que al ser pulsado acciona los citados medios de soplado.

Ventajosamente, y gracias a las características de la cuchara descrita, se obtiene un cubierto capaz de enfriar la porción de sopa, crema o similar, a ingerir en cada cuchara, evitando quemaduras por el contacto del contenido a ingerir con el usuario, y permitiendo ingerir un elemento líquido a la temperatura apropiada por cada usuario sin la necesidad de enfriar el plato de donde se coge el alimento".

....

Prosigamos con la búsqueda de la cuchara perfecta y veamos otra nueva cuchara perfeccionada.

CUCHARA PERFECCIONADA
Inventores: Pep Planas Compta
ES1075545 U
27-10-2011

"En la cocina actual es más que conocido el uso de cucharas de degustación o prueba que permiten testar el alimento que se cocina por parte del cocinero u otro usuario interesado en conocer las características del alimento que se cocina. Las cucharas conocidas se definen por un mango-asidero que se prolonga en una zona útil de degustación formada por una superficie sensiblemente cóncava. Dicha configuración implica que cada usuario que desea probar el alimento que se cocina debe emplear una cuchara de degustación o prueba, sin embargo, es bien sabido que más de un usuario comparte la cuchara de degustación o prueba. Este hecho conlleva una falta de higiene más que evidente en la operación de prueba del producto que se cocina.

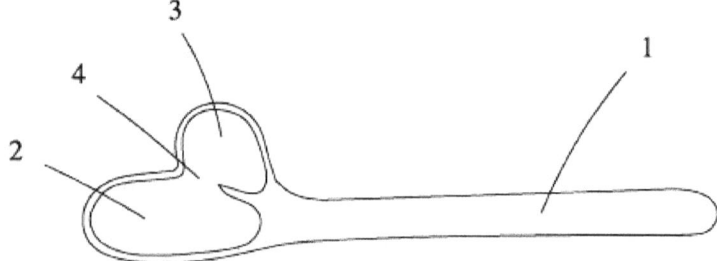

La presente invención se ha desarrollado con el fin de proporcionar una cuchara de degustación que permite degustar de forma higiénica a más de un usuario el contenido de la misma. Para ello, y de forma más concreta, la cuchara de la invención está formada por un mango asidero prolongado en una zona útil para degustar, definida por una superficie sensiblemente cóncava, y se caracteriza por el hecho de que la zona útil presenta al menos una prolongación que se extiende lateralmente a través del borde que define una segunda zona útil para degustar, estando dicha segunda zona útil definida por una superficie sensiblemente cóncava".

....

En lo que no parecen ser muy originales los inventores de cucharas es en el nombre que le ponen al invento. Esta podría ser una *"bicuchara"* o *"tú y yo cuchara"* o tener cualquier otro nombre original. Bueno, pues la que viene a continuación es otra cuchara perfeccionada.

CUCHARA PERFECCIONADA
Solicitante: Sato S.A.
ES0140112 U
16-05-1969

"Esta nueva cuchara, sin perder estilización y elegancia, aventaja a todas las demás conocidas por lo práctico que resulta en cualquier momento poderla dejar suspendida, evitando el contacto de la misma con la mesa u otra superficie, con lo que se evitan manchas en estas así como el que la misma cuchara pueda ensuciarse, lo que iría en detrimento de las condiciones higiénicas de su empleo.

La cuchara perfeccionada objeto de la invención, presenta una lengüeta (1) dispuesta longitudinalmente y sobresaliente por la parte frontal del mango (2) formando un determinado ángulo con relación a la parte cóncava del mismo".

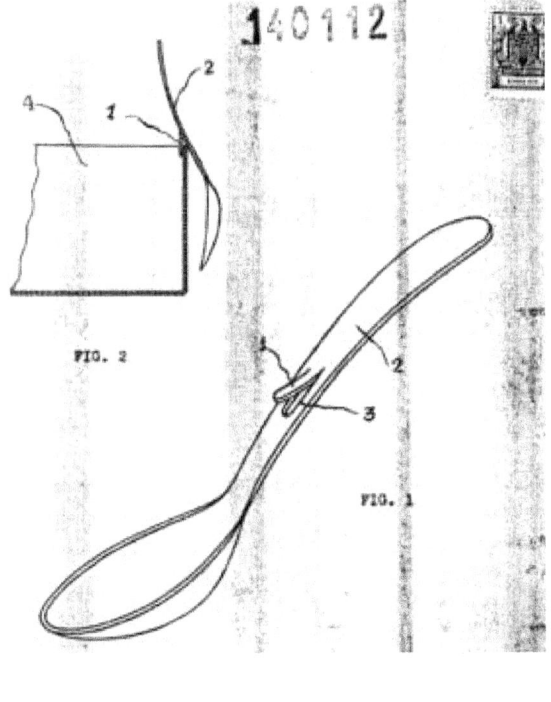

Y aunque la inventiva sobre cucharas parece no tener límites, terminaremos esta muestra "cucharil" con la cuchara con paja.

CUCHARA CON PAJA
Inventor: Jih-Kuei Tsai
ES0253098 U
16-12-1980

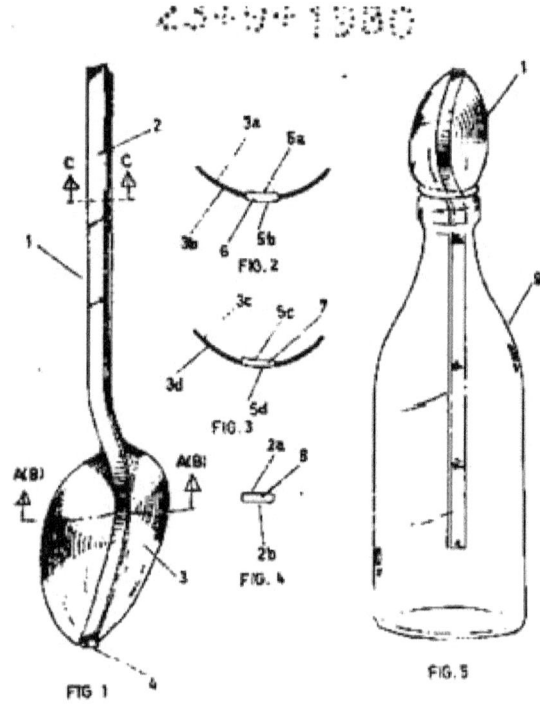

FIG 1   FIG. 2   FIG. 3   FIG. 4   FIG. 5

"Cuando se prepara el polvo de la leche, café o té negro, etc., normalmente nosotros removemos las citadas bebidas con una cuchara antes de beberlas con una paja. Cuando se come helado, nosotros usualmente utilizamos una cuchara pero, al final, cuando el helado se funde y se convierte en líquido, sería conveniente para nosotros el utilizar una paja. Cuando se bebe agua carbónica o gaseosa, la paja es probable que caiga dentro de la botella debido a que es demasiado corta, y nosotros encontraremos otro inconveniente para continuar bebiendo.

En vista de los hechos antes mencionados, el inventor ha ideado una nueva cuchara con paja, por medio de la cual ustedes pueden agitar la bebida durante su preparación y también pueden utilizarla como una cuchara corriente cuando se toma cualquier otro alimento, cuando se sorben bebidas, o bien el cuerpo de la cuchara o el mango de la citada cuchara pueden ponerse en la boca".

....

Si la búsqueda de la cuchara perfecta ha dado lugar a un extensísimo repertorio de patentes, no menos prolija, ni menos apasionante, resulta la búsqueda del tenedor perfecto.

Tenedores
"made in Spain"

Comencemos con un clásico: el tenedor giratorio para espaguetis.

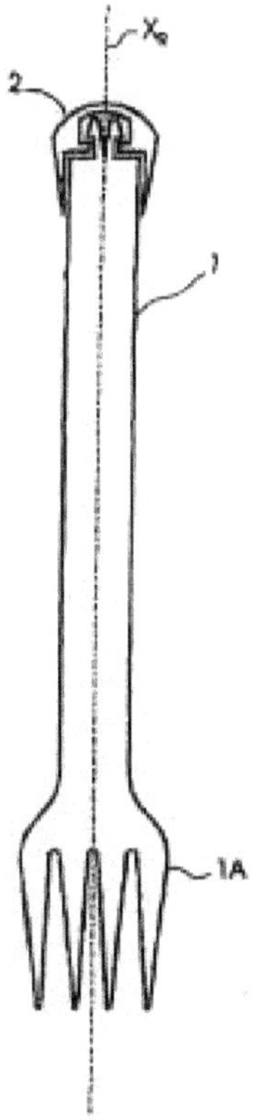

FIG 1A

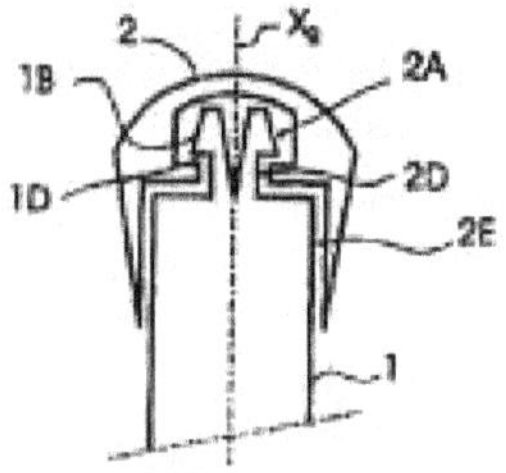

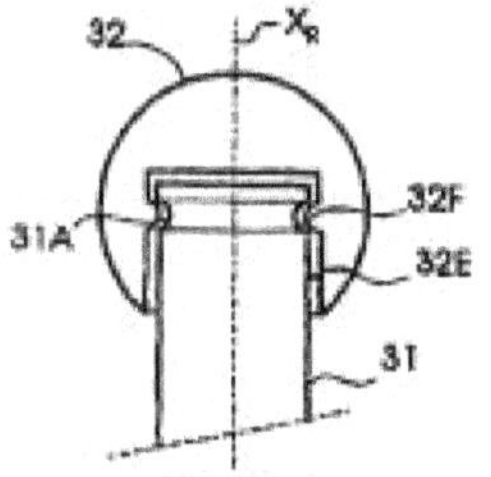

FIG 2

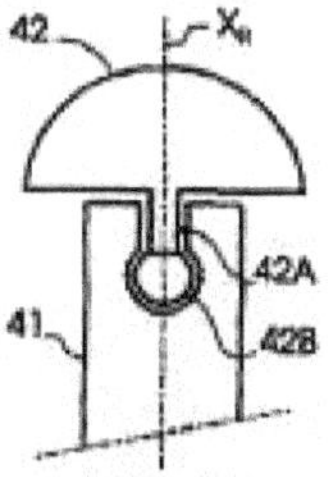

FIG 3

FIG 1

TENEDOR CON CABEZA MOVIL
Inventor: Domenico Turchi
ES2186192 T3
01-05-2003

....

Otro tenedor indispensable en toda cubertería es el tenedor-cuchara.

TENEDOR CON BASE DE FORMA CÓNCAVA
Inventor: Richard Mateos Águila
ES1079779 U
20-03-2013

"Esta nueva forma da una mayor comodidad para la manipulación de ciertos alimentos con los cuales existen dudas sobre el uso del tenedor o de la cuchara, tales como arroces o guisos con consistencias semisólidas. Es una experiencia común a todos el haber recogido alimentos sobre la superficie compuesta por los dientes de un tenedor y que los mismos alimentos caigan por los lados por ser una superficie plana y no continente. Inconveniente resuelto por el objeto de la invención".

FIG.-1

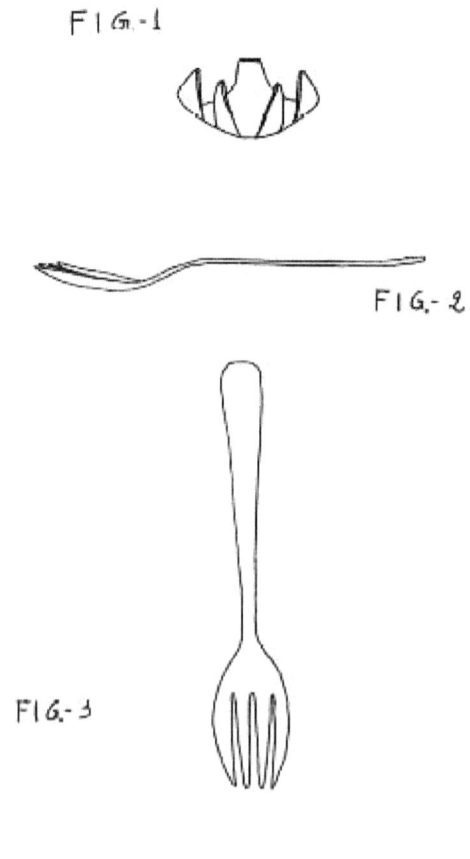

FIG.-2

FIG.-3

Y, por supuesto, también tenemos el tendedor-cuchillo

TENEDOR PERFECCIONADO
Inventor: Juan Castello Viguer
ES0161622 U
01-11-1970

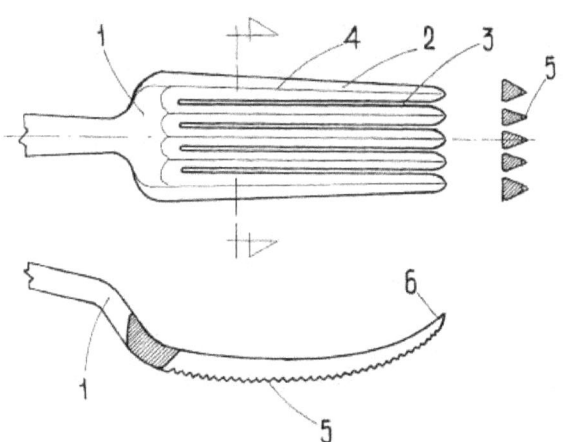

"Como es sabido con la ayuda del tenedor podemos aplastar algunos alimentos, desmenuzando los mismos para lograr una más fácil y rápida masticación, pero nos encontramos con el inconveniente que según sean los alimentos dicha operación es más o menos costosa, ya que primero se tropieza con el obstáculo de desmenuzar los alimentos y posteriormente aplastar los mismos, la primera operación se lograría fácilmente con la ayuda del cuchillo, pero la segunda operación debido a la separación de los dientes del tenedor sería mucho más costosa, ya que disponemos de menor superficie de aplastamiento. También al terminar en punta recta o ligeramente recta los tenedores, cuando se desea pinchar un alimento ha de realizarse dicha operación manteniendo al tenedor en una posición vertical o ligeramente vertical. Para evitar dichos inconveniente se solicita la invención de la presente memoria, la cual viene a caracterizarse porque los dientes que comprende presentan en su base convexa o lomo, al menos una zona dentada o afilada que existe en todos o en parte de dichos dientes, constituyendo dicha zona afilada un elemento de corte, de manera que los alimentos son cortados y simultáneamente aplastados en una misma operación por el tenedor, poseyendo el mismo extremo de sus dientes ligeramente curvo, de forma tal que puede pinchar los alimentos manteniendo al tenedor en una posición inclinada.

....

Otro imprescindible: el tenedor con expulsión automática

TENEDOR CON EXPULSION AUTOMATICA
Inventor: Tomás Blay Tomeo
ES0073294 U
01-09-1959

"El tenedor está constituido especialmente para el servicio en la mesa, gracias a su constitución, permitiendo coger las viandas sin necesidad de otro tenedor o cuchara que los acompañe, y permitiendo soltarlas en el plato sin ninguna dificultad, resultando por ello muy práctico. Gracias a su constitución el tenedor permite servir con él mismo toda clase de comidas que puedan ser pinchadas".

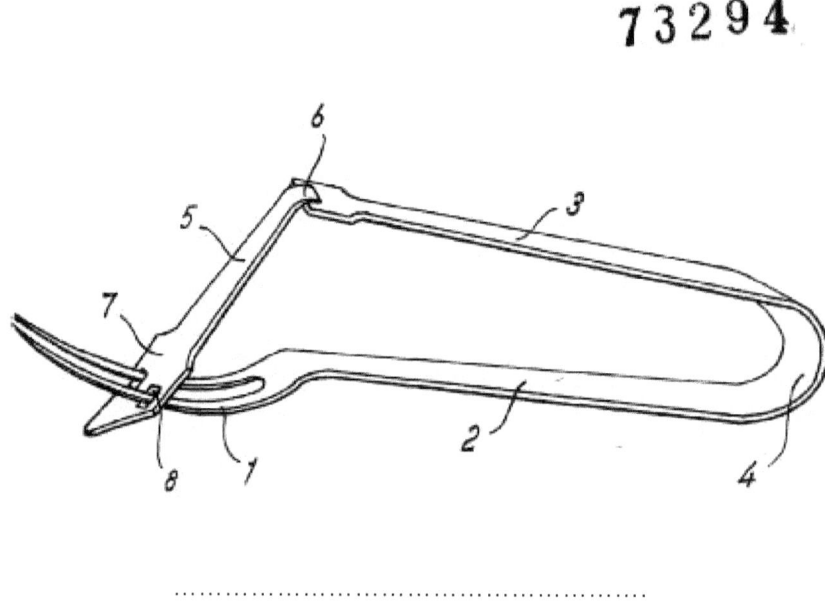

....

Y para finalizar el muestrario de tenedores uno que sin duda tenía que ser inventado. ¿Alguna vez has intentado pinchar una aceituna con un tenedor?... pues eso.

UN NUEVO TENEDOR
Inventor: Pedro Gómez Villodre
ES0051535 U
01-02-1956

"Consiste este nuevo modelo en un tenedor para aceitunas, que resuelve el inconveniente de todos conocido que presentan los tenedores de tipo usual o los mondadientes, en estos casos en que tan difícil resulta clavar tales utensilios en las mencionadas aceitunas".

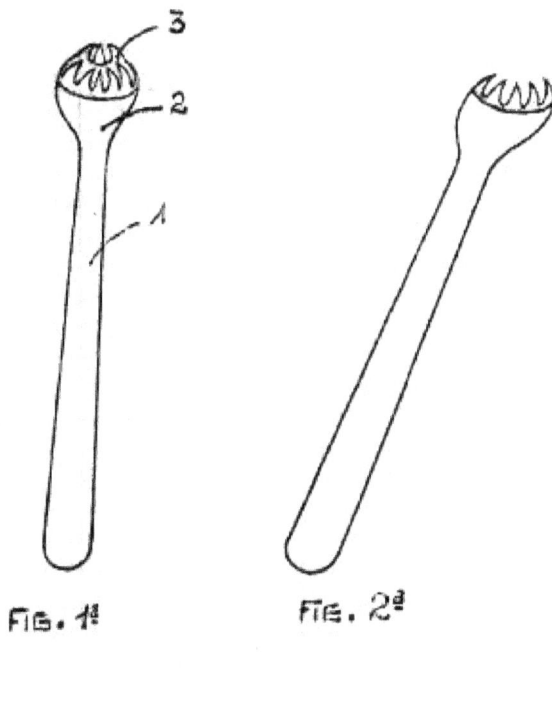

FIG. 1ª   FIG. 2ª

....

Con estos tenedores en tu cubertería podrás pinchar cualquier tipo de alimento.

Con lo que no podrás pinchar es con el siguiente invento, ya que al estar montado, nunca mejor dicho, en una bicicleta estática, no hay peligro de pinchazos... ¿o sí?

Soporte para un consolador

Inventor: Antonio Navarro Martín
ES1040309 U
01-04-1999

"El presente Modelo de Utilidad se refiere a un soporte para un consolador. La novedad del objeto de la invención consiste en su propia realización lo que implica un uso mejorado del consolador.

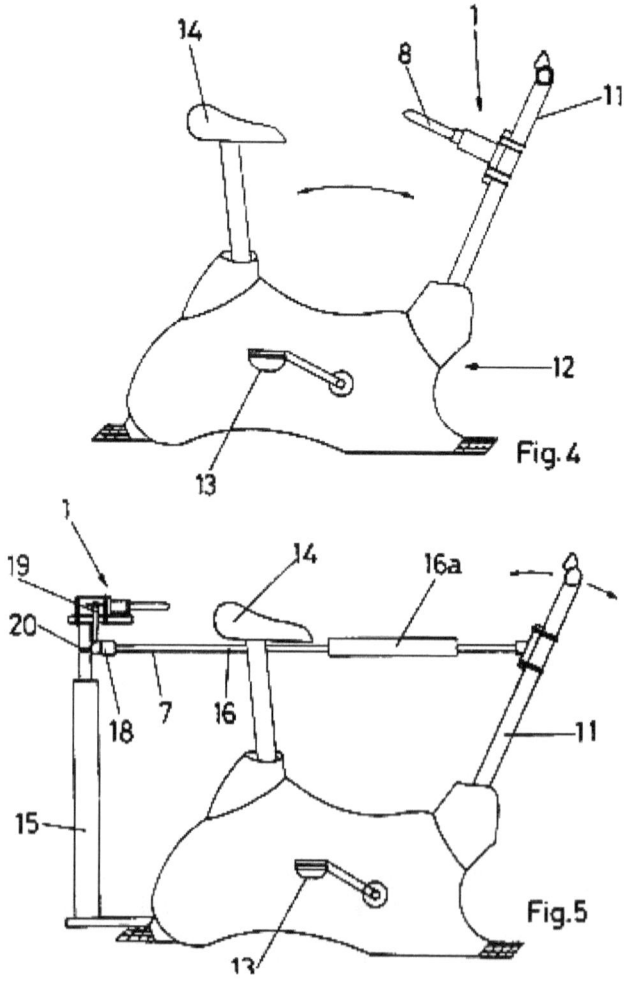

Fig. 4

Fig. 5

El consolador puede adoptar diversas posiciones, según la vía de penetración. En su utilización la persona ejecuta unos movimientos que globalizados determinan lo que se puede definir como "gimnasia erótica". Estos movimientos son tan diversos que no queda articulación, ni músculo sin funcionar, durante el tiempo de disfrute del placer que le produce el consolador...

El consolador se monta en bicicletas estáticas de gimnasia con el fin de aprovechar el movimiento de sus manillares cuando se actúan los pedales.

Como es lógico, cualquier modificación o alteración de la forma que se produzca en el soporte, sino modifica su esencialidad queda amparada en dicha solicitud.

El consolador aparte de disponerse como se ha indicado en una bicicleta estática, también se puede disponer en una columna tanto vertical como horizontal, en el primer caso su aplicación es frontal, mientras que en el segundo caso al estar la columna en sentido horizontal la aplicación puede ser indistintamente por delante o por detrás".

....

Pero que pillín el Sr. Navarro Martín. ¿Cómo sería una clase de "*spinning*" con el invento incorporado a todas las bicis?... ¡Uf!... ¡brutal!

Lo cierto es que son muchas las patentes que tiene por objeto intentar mejorar la vida sexual de las personas con los más curiosos artilugios. Que lo consigan o no, ya es otra historia. Veamos algún ejemplo.

Preservativo para sexo oral

Inventores: Artur Porta i Contreras, Eva M. Orugo Ruiz
ES1056415 U
16-03-2004

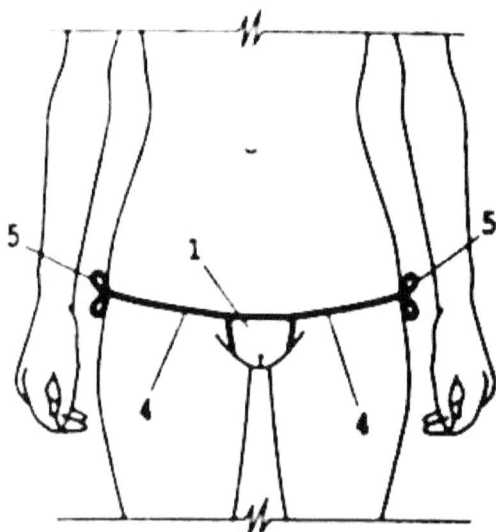

"Como expresa el enunciado, se trata de un dispositivo destinado a la protección de una persona, principalmente un varón, en la práctica del sexo bucal con una mujer, evitando los riesgos inherentes a dicha actividad, particularmente en los casos de infección larvada o explícita, en la mujer, de VIH hepatitis B y otras enfermedades venéreas.

Como es sabido, en la realización del sexo oral por estimulación vaginal, existe el riesgo de transmisión al hombre de dolencias e infecciones portadas por la mujer por paso de las secreciones vaginales a la boca del varón. En muchos casos, dicha transmisión, además de ser involuntaria, es inconsciente, es decir, no conocida por ninguno de los dos protagonistas, activo y pasiva, y sus efectos patógenos sólo se perciben después de un periodo de tiempo más o menos prolongado.

Existe, pues, la necesidad sentida de contar con medios de prevención de la citada transmisión de fluidos vaginales al varón, sin que por ello se pierda el buscado efecto de placer en la relación oral. A dicho fin se ha concebido y diseñado el preservativo objeto de este modelo de utilidad.

Para ello se ha diseñado un dispositivo aplicable a la entrada de la vagina, cubriendo totalmente la embocadura de ésta y presentando una estructura sumamente flexible que se adapte a la anatomía femenina y a la boca masculina. Dicha estructura es comparable, por analogía, a la de un preservativo convencional adaptable al pene, pero específico para su aplicación a la mujer".

Versión para ella o, si lo prefieres, en la versión para él.

ORAL CONDOM FOR PREVENTING SEXUALLY TRANSMITTED DISEASES
Inventora: Paula A. Bloodsaw
US5320112 A
14-06-1994

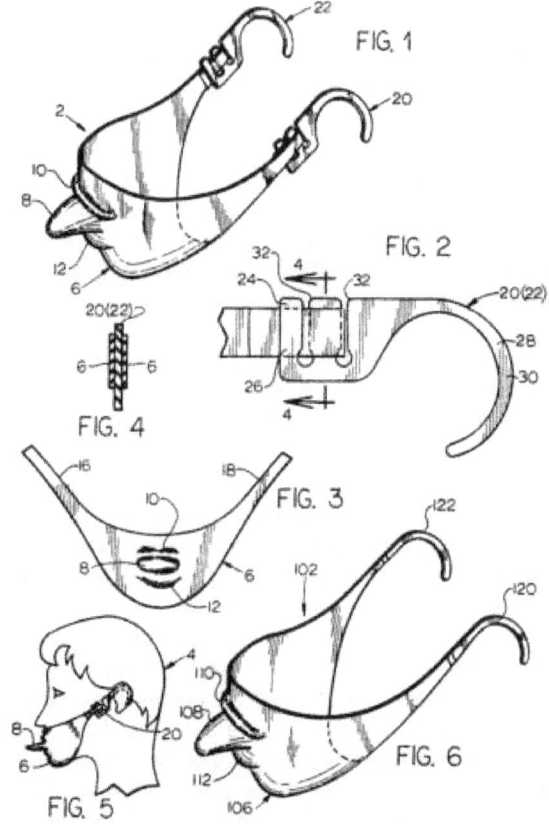

Usar la protección adecuada para cada ocasión no tiene por qué ser limitante para la diversión y la siguiente patente nos propone un condón sonoro que nos puede amenizar el encuentro tanto con música como con mensajes de voz. La patente incluso sugiere el tipo música y los mensajes de voz más apropiados a la ocasión.

Condón sonoro sensible a la fuerza

FORCE-SENSITIVE, SOUND-PLAYING CONDOM
Inventor: Paul Lyons
US5163447 A
17-11-1992

"Existen muchos tipos diferentes de medios anticonceptivos, como los condones. Todos ellos están diseñados para funcionar como métodos anticonceptivos y de prevención de enfermedades y operan de manera satisfactoria para estos fines, pero muchas personas que practican el coito tienen aversión a usarlos, ya que reducen la sensibilidad, interrumpen el coito, y son molestos.

Por lo tanto, es objeto de la invención proporcionar un condón que los usuarios deseen utilizar. Otros objetivos son suministrar un condón que proporcione diversión, que no interfiera con el coito, que tenga valor como un regalo de diversión y que pueda incorporar composiciones musicales a elección del usuario y de acuerdo a la ocasión...

El mensaje de voz o música puede reproducirse una vez (por ejemplo, una obertura o melodía pueden reproducirse durante unos 20 segundos), o puede repetirse continuamente durante varios minutos para que coincida con la duración del coito. El mensaje de voz puede ser una advertencia sobre el sexo seguro, o un elogio a la pareja para el uso de un condón. Melodías adecuadas (si se toca música) pueden ser: la Obertura 1812, "El Himno a la Alegría" de la Novena Sinfonía de Beethoven, la canción "Happy Birthday To You", "El Vals del Aniversario", o cualquier canción de amor popular.

Con el fin de utilizar el condón, el usuario debe abrir el paquete (34) usando el colgante de desprecintado (36) y retirar el condón (10). Luego desenvuelve o desarrolla el condón y lo desliza envolviendo su pene erecto. El lubricante dentro del condón facilita esta operación.

Durante el coito, el contacto entre las áreas genitales suprapúbicas de la pareja creará fuerzas F suficiente para unir los contactos (28) y (30), completando el circuito. La energía fluirá desde la fuente de alimentación (26) al chip (24) activando el transductor (22) para producir sonidos, por ejemplo, música o un mensaje sonoro. El chip multivibrador (24) asegura la continuación de la música por un período de tiempo predeterminado, por lo que la melodía se reproducirá una vez o varias veces durante el coito".

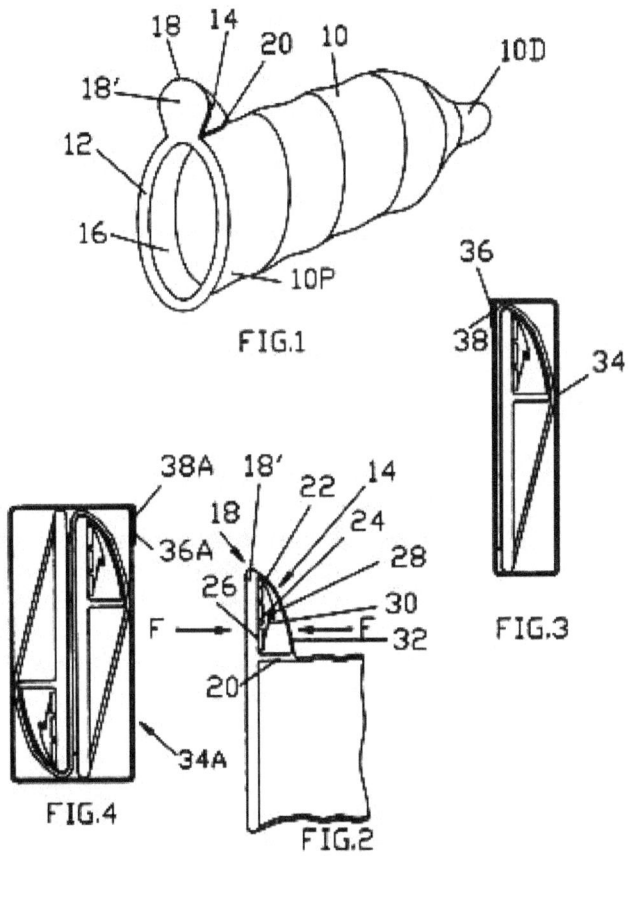

FIG.1

FIG.2

FIG.3

FIG.4

¡*Tachán!* Y para tener siempre a mano protección, seas hombre o mujer, este condón unisex.

Condón unisex

UNISEX CONDOM
Inventor: Ray Anderson
US4966165 A
30-10-1990

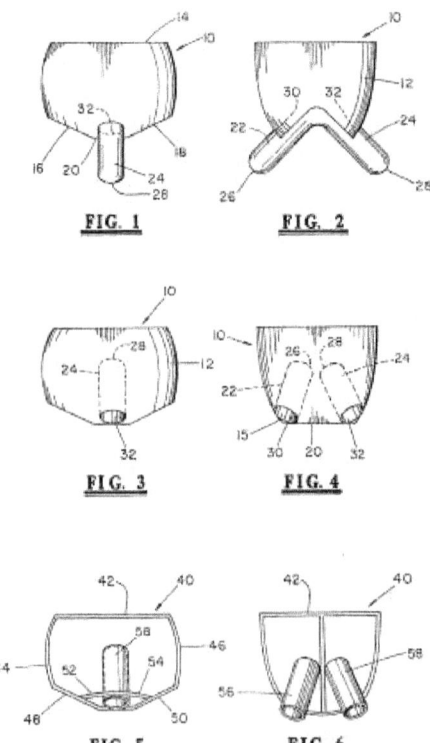

FIG. 1 FIG. 2

FIG. 3 FIG. 4

FIG. 5 FIG. 6

Se proporciona una estructura de condón integral que se adapta, de forma estanca, sobre la región pélvica de un hombre o una mujer. En una forma de la invención, el condón integral unisex tiene forma de calzoncillos o bragas con aberturas para la cintura y piernas del usuario. El dispositivo de condón también lleva un par de salientes tubulares integrados en la estructura del condón y cuyos extremos están cerrados. Estas proyecciones pueden extenderse hacia el exterior del dispositivo, para su uso por hombres o puede invertirse y extenderse hacia el interior del dispositivo, para su uso por hombres o mujeres.

....

Práctica y elegante ropa interior con "*salientes y entrantes*". Pero si esto no es suficiente para ti, el siguiente invento es el sumun de la protección: "*el condón total*".

Dispositivo de protección contra enfermedades contagiosas y su uso como preservativo

DISPOSITIF DE PROTECTION CONTRE LES MALADIES CONTAGIEUSES
ET PRESERVATIF ASSOCIE A UN TEL DISPOSITIF
Inventor: Steva Prokic
FR2640874 A1
29-06-1990

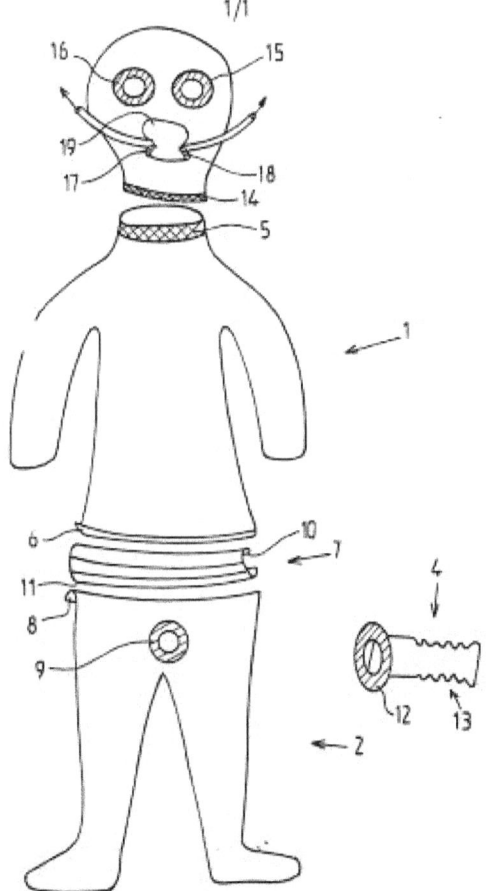

"El uso de los condones para evitar enfermedades de transmisión sexual es algo comúnmente aceptado por los usuarios. Sin embargo, los condones no evitan infecciones por enfermedades cuya transmisión se realiza por el contacto con la piel.

La presente invención tiene como objetivo proporcionar una mejor protección contra las enfermedades contagiosas, independientemente de los mecanismos de transmisión".

. . . .

Pero si lo que se desea es un contacto más íntimo y prolongado con la pareja, nada mejor que lo que nos propone la siguiente patente.

Guantes y manoplas para parejas

GLOVES AND MITTENS
Inventor: David King Terence
GB2221607 A
14-02-1990

"En los climas fríos, si una pareja que llevaba guantes desea tomarse de las manos, tienen la opción de mantener sus guantes en cuyo caso no hay contacto entre las manos, o pueden quitar los guantes o manoplas y tomarse de las manos desnudas en cuyo caso las manos se enfrían. Esto no es satisfactorio y, de hecho, poco romántico.

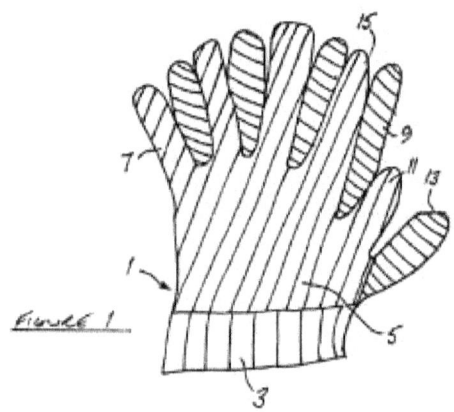

Figure 1

Un guante o manopla destinado a acoger dos manos que consiste esencialmente en una sección común para la palma de las manos a partir de la cual emergen dos conjuntos, uno para cada individuo, de cinco dedos (7), (9) a fin de permitir (por ejemplo) hacer manitas dentro del guante mientras los dedos quedan cubiertos por diferentes áreas del guante o manopla. Diferentes áreas de la prenda pueden ser de colores diferentes, para dar la impresión de dos guantes convencionales con las manos entrelazadas. También puede adaptarse a las manos de una madre y su hijo".

....

Y si hacer manitas no es suficiente para ti, también tienes la versión camiseta.

Camiseta con cuatro mangas

SHIRT
Inventora: Rebecca L. Velasco
US4089067 A
16-05-1978

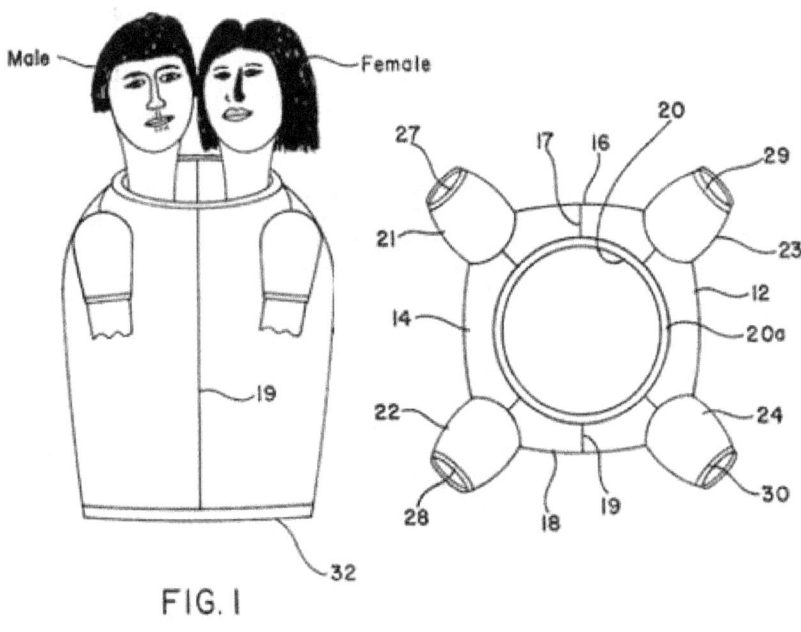

FIG. I

....

¡Qué bonito es quererse! Claro que, las parejas tienen altibajos y, a veces, surgen discusiones y con ellas los cabreos y en ocasiones se necesita de un desahogo verbal. Pues bien, para tales ocasiones nada mejor que el invento que se describe en la siguiente patente.

Atenuador de sonidos que cubre la boca

SOUND MUFFLER FOR COVERING THE MOUTH
Inventores: Moira J. Figone, Frank M. Figone
US4834212 A
30-05-1989

"Muchos de nosotros nos sentimos tan frustrados por alguna tarea que estamos llevando a cabo que nos gustaría gritar. Otras veces nos enojamos con otra persona, suceso, evento, o similares, con tanta rabia que nos gustaría dar rienda suelta a nuestra ira gritando o vociferando. Por lo general, suprimimos este deseo porque nos parece ridículo y molesta a los demás.

Hay una necesidad en nuestra sociedad compleja para un dispositivo que se puede colocar sobre la boca con la que una persona puede vociferar o gritar, pero que amortigüe el sonido para no perturbar a otros. Tal dispositivo sería incluso más útil si proporcionan una indicación de la intensidad del sonido proporcionando de ese modo esta información a las otras personas.

El objeto general de la presente invención es proporcionar un silenciador de sonido que se puede colocar sobre la boca para amortiguar el sonido de la boca. Objeto adicional de la presente invención es proporcionar un silenciador de sonido que proporciona medios para medir e indicar la intensidad del sonido que es amortiguado.

Se describe, de acuerdo con la invención, un silenciador de sonido humano que comprende un cuerpo adaptado para ser empuñado y manipulado por un usuario, incluyendo dicho cuerpo un extremo en forma adaptada para que encaje perfectamente sobre la boca del usuario y se sujete alrededor de la cara. El extremo del silenciador está construido preferentemente de un material absorvedor del sonido que forma un sello eficaz alrededor de la boca".

....

¡Qué gran invento! A cuántas personas les regalaríamos uno de estos, ¿verdad?

El siguiente invento, para usar con bebes llorones, está inspirado en el mismo principio.

Dispositivo anti-caída para chupete

Inventor: Carlos García Alemany
ES1117230 U
22-07-2014

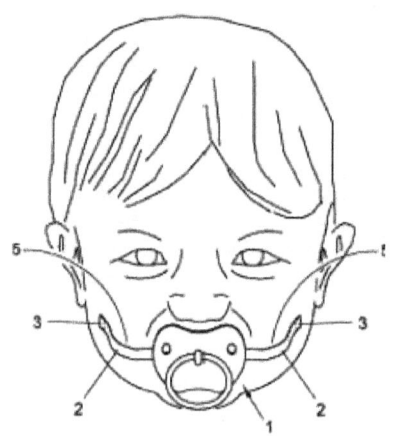

"Son conocidas las molestias que genera a un bebé (estrés, lloros), y a sus padres, que el chupete se caiga involuntariamente de la boca del bebé. Adicionalmente, si la caída se produce en el momento de la conciliación del sueño, esta situación de estrés se agrava hasta desvelar al bebé y a sus progenitores. La invención descrita en el presente documento presenta un dispositivo anti-caída, que se adhiere en un extremo a cualquier tipo de chupete homologado y en su otro extremo a la cara (mejilla) del bebé".

Este sencillo, pero a la par eficaz invento, tiene varios antecedentes similares.

STRETCHABLE PACIFIER RETAINER HARNESS
Inventora: Doris K. Hempstead-Harris
US4969894 A
13-11-1990

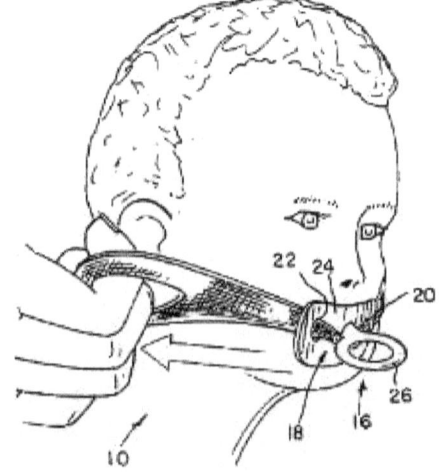

Ambos inventores han sabido captar muy bien, en la figura explicativa que acompaña la patente, la cara de cabreados que, sin duda, les queda los pobres infantes que se ven forzados a usar el invento. Claro que también se les podría dibujar con cara de *"alucinados"* ante tamaña ocurrencia, que parece ser ha sido la opción elegida en la siguiente patente.

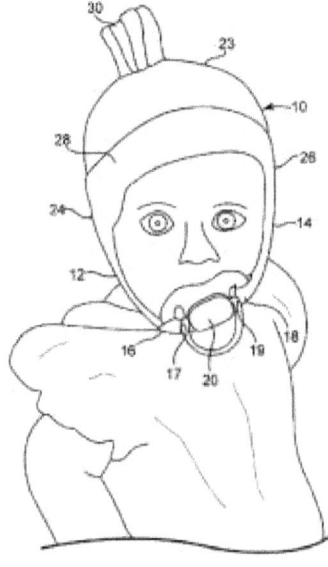

PACIFIER SECURING DEVICE
Inventor: Colleen Kahn
US20090013449 A1
09-07-2008

Aunque la cara de alucinado posiblemente se deba al ver a otro bebe usando el chupete propuesto en la siguiente invención.

APPARATUS FOR SATISFYING THE NON-NUTRITIVE, ORAL-MOTOR SUCKING NEEDS OF INFANTS
Inventora: Therese Anthony Lynch
US6461214 B1
08-10-2002

Pero no son estos los únicos inventos cuyo objeto es taparle la boca a alguien. Véase la siguiente patente basada en la misma solución concebida para resolver un problema diferente.

Careta para dejar de comer

ANTI-EATING FACE MASK
Inventora: Lucy L. Barmby
US4344424 A
17-08-1982

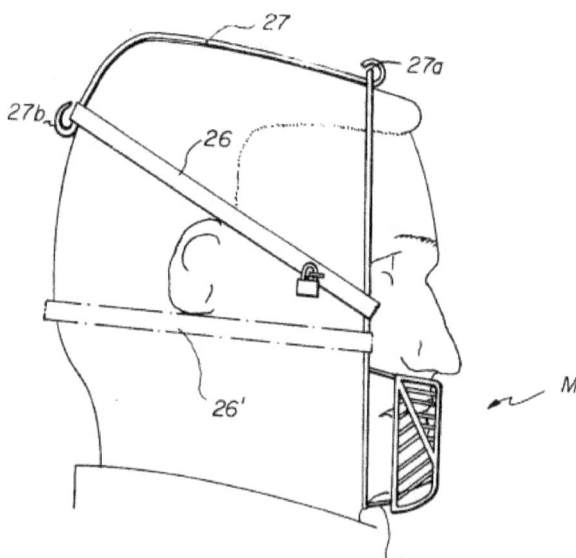

"La obesidad es un problema básico con el que muchas personas hoy en día se enfrentan y, como se ve claramente por la variedad de dietas propuestas para combatir el sobrepeso, el principal factor que contribuye al exceso de peso es el consumo excesivo de alimentos. La tentación de comer, que nos lleva a comer en exceso, está siempre presente y la disponibilidad de alimentos de sabor tentador y preparados atractivamente hace que la tentación de comer y, por lo tanto a comer en exceso, sea prácticamente irresistible. Con frecuencia, esta tentación es tan grande que comer compulsivamente no es poco común y muchas personas carecen virtualmente de la fuerza de voluntad para resistirse a comer en exceso. La persona promedio, por lo tanto, tiene un problema en cuanto al consumo excesivo de comida, pero, lo que es peor, cuando ciertos individuos están expuestos constantemente al manejo de alimentos, como chefs, cocineros, personal de restaurante o similares, es casi inevitable que estos individuos consuman mucha más comida de la que sería necesaria. Típico de este grupo de individuos es el ama de casa que debe con frecuencia cocinar comidas durante el día y que, generalmente, incluye la preparación de alimentos que engordan, como tartas, pasteles y similares. Durante la preparación de este tipo de comidas no sólo existe la tentación de picar la comida ya preparada sino que, por lo general, es necesario probar la comida durante la preparación de ésta, de manera que constantemente se está estimulando el apetito lo que incita al consumo de grandes cantidades de alimentos.

El propósito de esta invención es aportar una nueva y novedosa máscara que se lleva en la cabeza para evitar que el consumo de alimentos por parte del usuario y, por lo tanto, un problema de sobrepeso del mismo.

Un propósito adicional de esta invención es proporcionar un dispositivo novedoso que puede ser fácilmente conectado a la cabeza del usuario de una manera desmontable, que abarca la zona de la boca del usuario evitando de ese modo que el alimento sea ingerido por el usuario.

Otro objeto de esta invención es, además, proporcionar un dispositivo novedoso que se lleva en la cabeza del usuario para prevenir la ingestión de alimentos, que es simple y de bajo coste de fabricación, que no interfiere con la transmisión de la palabra o en la respiración y que se puede bloquear en la cabeza del usuario para evitar su extracción, mientras que, al mismo tiempo, permite su eliminación en condiciones de emergencia.

Un objeto adicional de esta invención es proporcionar un dispositivo novedoso para la prevención de la ingestión de alimentos por un usuario que es útil en la prevención del sobrepeso, que puede ser prescrito por un médico para evitar el consumo de alimentos durante el período anterior a una operación, que puede estar hecho en cualquier tamaño adecuado y que también se puede utilizar para evitar consumo de cigarrillos y similares".

....

Queda claro que la Sra. Barmby tenía un problema de gula que supo atajar de forma radical.

En la patente también se menciona que el invento puede resultar útil para regular el poco deseable hábito de fumar y, en este sentido, nuevamente el ingenio hispano encuentra una, igual de ocurrente aunque menos drástica, solución al problema.

Pitillera perfeccionada con temporizador para regular el hábito de fumar

Inventor: Alejandro Aparicio García
ES1040653 U
01-05-1999

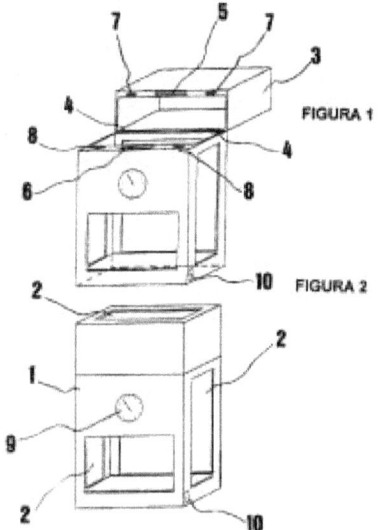

FIGURA 1

FIGURA 2

"La presente invención se refiere a una pitillera perfeccionada con temporizador para regular el hábito de fumar que, por sus características técnicas y por la inclusión de un temporizador programable, resulta idóneo para ser utilizado como contenedor de cigarrillos, especialmente para aquellas personas que quieren reducir el consumo diario de cigarrillos. Esta invención aporta, pues, suficientes mejoras respecto del estado de la técnica de lo conocido hasta el momento.

El artículo que se propone en esta memoria descriptiva supone un importante avance puesto que configura no sólo un receptáculo o estuche para proteger y guardar los cigarrillos, sino que el propio receptáculo se convierte en un medio en sí mismo para controlar y limitar el consumo de cigarrillos mediante la activación de un temporizador que bloquea la apertura del contenedor y, por tanto, el acceso al cigarrillo, regulándose de esta manera los tiempos de abstención en el encendido de cada cigarrillo. Naturalmente, estos tiempos se establecen de acuerdo con la voluntad del propio fumador, pudiéndose ampliar de forma progresiva los periodos de abstención, pasando, por ejemplo, de 30 minutos a 45 minutos y ampliando el periodo progresivamente".

....

Pero si con este invento no consigues dejar de fumar, quizá el que se presenta en la siguiente patente logre que dejes el vicio.

Filtro de queso para cigarrillos

CHEESE-FILTER CIGARET
Inventor: Stuart M. Stebbings
US3234948 A
15-02-1964

"Esta invención contempla la fabricación de un filtro de cigarrillo compuesto de partículas queso que puede ser utilizado sólo o mezclado con partículas de carbón vegetal. Preferentemente, el carbón ha sido lavado con un ácido. Con el fin de que el queso puede obtenerse en partículas pequeñas y bien definidas por entre las que el humo puede pasar libremente, es preferible utilizar un queso duro como como por ejemplo parmesano, romano o queso suizo. Queso cheddar envejecido y otros quesos duros también pueden ser utilizados, sobre todo si han sido parcialmente deshidratados, siendo importante que el queso este en forma de partículas. Dado que el queso es igualmente efectivo cuando carece de sabor, se contempla que un queso de bajo coste puede fabricarse especialmente para fabricar el filtro. Esencialmente, será un queso duro de las características de los mencionados anteriormente y pudiendo usarse un cuajo vegetal. Aunque quesos comerciales, de los tipos indicados, son perfectamente satisfactorios, un queso elaborado especialmente para el filtro puede ser tener un coste inferior y ser más uniforme en las propiedades requeridas para fabricar el filtro".

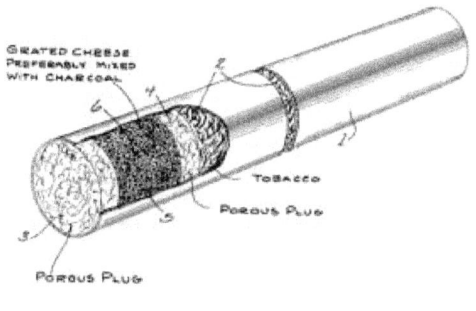

....

Personas delgadas, de hábitos sanos y, preferiblemente, con aspecto juvenil. Adoramos la hermosura de la moderna estética, que diría Don Antonio Machado. Pues bien, cuando la bolsa no es abundante o uno no quiere someterse a una cirugía, aquí tenemos una patente que nos proporciona una cara radiante con un mínimo desembolso

.

Lifting facial instantáneo

INSTANT FACE LIFT
Inventor: Joan Brooks
US4995379 A
26-02-1991

"Antecedentes de la invención: La presente invención hace referencia a un dispositivo de estiramiento de la cara que no requiere cirugía. Se compone de una correa tensada que se coloca en la cabeza cuyos extremos se unen a la cara del usuario con un adhesivo. La idea básica es ya conocida y recogida en las patentes US3782372 y US4239037. Los dispositivos de la técnica anterior producen un aspecto poco natural porque cuando la cabeza se mueve de un lado de la cara aparecerá más apretado que el otro lado.

Resumen de la invención: Un dispositivo para proporcionar un lifting facial sin cirugía que comprende un elemento firmemente unido a la cabeza de un usuario, y un segundo elemento deslizante unido al primer elemento que posee dos extremos, cada uno de los cuales puede unirse a la cara u otra parte de la cabeza del portador, y un medio para ajustar la tensión que forma parte del segundo elemento".

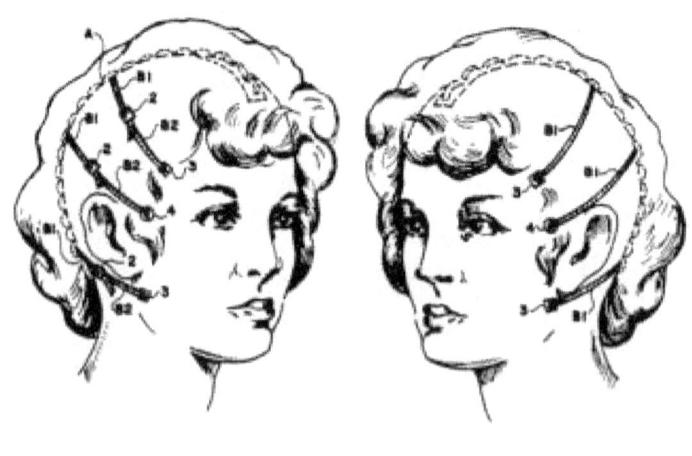

....

Una versión hispana de este invento, pero para brazos en este caso, nos la presentan las hermanas Pérez Pita en la siguiente patente.

Dispositivo para disimular la flacidez de la piel de los brazos

Inventoras: Paloma Pérez Pita, Carmen Pérez Pita
ES1076609 U
27-03-2012

"La presente invención, tal y como se expresa en el enunciado de esta memoria descriptiva, se refiere a un dispositivo para disimular la flacidez de la piel de los brazos correspondiente a la zona del bíceps y tríceps, de manera que mediante el dispositivo se evita el descolgamiento de la piel de los brazos, pudiendo mostrarlos sin que se vea ni se note su flacidez. Cabe señalar que las mujeres con este problema de flacidez no se atreven a vestir prendas que dejen sus brazos al descubierto. El dispositivo de la invención es puramente estético y está concebido para poder mostrar los brazos sin que se note la flacidez de los mismos, y de esta manera solucionar el problema sin tener que recurrir a una operación quirúrgica dolorosa y costosa.

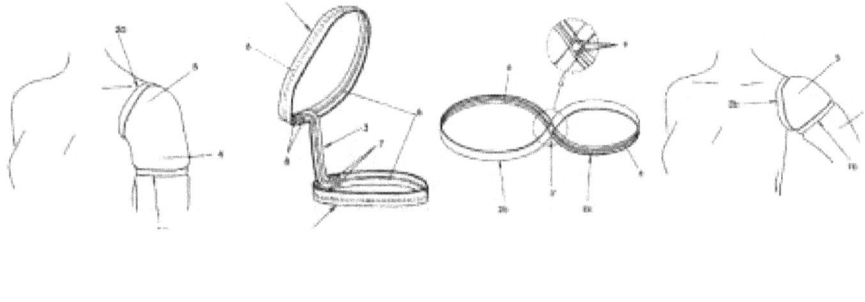

Seguramente el invento será efectivo, pero más que un invento parece una tira... cómica.

Y ya puestos, ¿qué tal un invento para mejorar tu estatura?

Calzo suplementario para personas

Inventor: Miguel García Ribagorda
E0S273900 U
16-01-1984

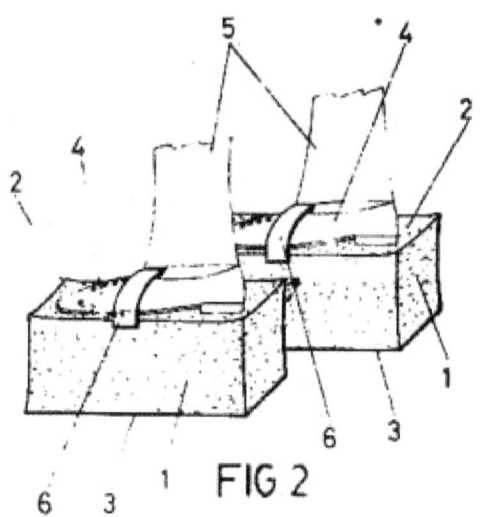

FIG 2

"Calzo suplementario para personas, que estando concebido como medio que permite alcanzar una mayor altura de aquellas personas preferentemente de corta estatura, con el fin de que éstas puedan aumentar o elevar su campo de visión en aglomeraciones que se forman en determinados tipos de espectáculos, tales como mítines, recitales, conciertos, etc., bien sean al aire libre o en grandes locales, y en los que los asistentes ven el espectáculo de pie. Esencialmente se caracteriza porque se constituye mediante un bloque de material elástico, resistente y no contundente (liviano en peso), el cual puede adoptar cualquier configuración geométrica definiéndose al menos dos superficies, una de ellas superior y susceptible para el apoyo del pie del usuario, y otra inferior para el apoyo del propio bloque en el suelo; con la particularidad de que superiormente se ha previsto un medio de fijación al pie del usuario".

....

Para estar siempre "a la altura de las circunstancias".

Aunque estos inventos persiguen dotarnos de un mejor aspecto, hacernos parecer más jóvenes, o más altos, o más saludables... el hecho es que, tarde o temprano, todos terminaremos en el mismo sitio, y para cuando llegue ese momento también hay inventos para "descansar en paz" y con un cierto estilo.

Ataúd-taladro para un sencillo enterramiento vertical

EASY INTER BURIAL CONTAINER
Inventor: Donald Scruggs
US20070050958 A1
08-03-2007

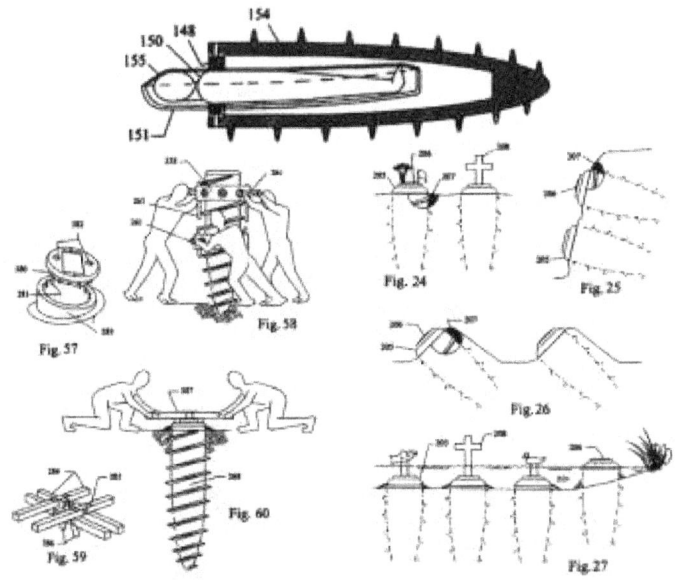

"Una serie de ataúdes que pueden ser clavados, atornillados y/o auto-enterrados en un suelo apropiado, para un entierro de bajo coste. Los ataúdes van dotados de cierre hermético, cierre de seguridad, placa y marcadores conmemorativos y receptáculos para flores y banderas. Estos ataúdes reducen en gran medida el trabajo de excavación y los gastos de sepelio, a la vez que son respetuosos con los servicios funerarios que se practican actualmente. También disminuyen el espacio de terreno necesarios para cada entierro y pueden ser usados en zonas del cementerio no utilizadas normalmente, lo que aumenta considerablemente el número de entierros posibles en cada cementerio. El ataúd y métodos de entierro pueden ser utilizados para todos los tamaños de los seres humanos y animales domésticos, así como para el almacenamiento subterráneo de equipos, suministros, alimentos, agua, combustible u otro tipo de material".

Dispositivo indicador de vida en personas enterradas

DEVICE FOR INDICATING LIFE IN BURIED PERSONS
Inventor: John G. Keiohbaum
US268693 A
12-05-1882

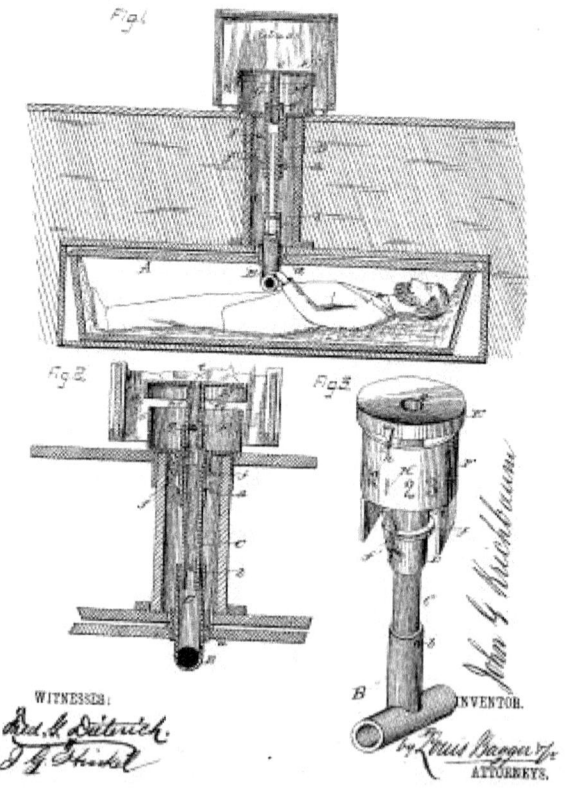

(No Model.)

J. G. KRICHBAUM.
DEVICE FOR INDICATING LIFE IN BURIED PERSONS.

No. 268,693.

Patented Dec. 5, 1882.

WITNESSES:

INVENTOR.

ATTORNEYS.

"Mi invención hace referencia a una clase de dispositivo para detectar vida en personas enterradas bajo la duda de estar en un trance. El dispositivo conecta la persona en la tumba con un indicador en el suelo sobre la tumba, a través de una caja o tubo que va desde la superficie de la tierra hasta el ataúd; y consiste en la construcción, combinación y disposición de las partes del mismo, como de aquí en adelante se describe con más detalle y se reivindica.

Se verá que si la persona enterrada vuelve a la vida, con un movimiento de sus manos puede girar los brazos de la tubería (B) en forma de T, sobre la que o cerca de la cual se colocan las manos, y mediante los diferentes tubos conectados hará girar la cubierta (e), quedando registrado en un indicador que ha habido un movimiento. Si la persona enterrada sigue girando los brazos en el ataúd, o hace algún movimiento más violento, podrá empujar el tubo (B), lo que desplaza la cubierta de la parte superior de la caja (E). El retén (f) del manguito (D) es empujado, lo que mantiene el tubo izado, de modo que nadie desde el exterior puede presionar la tapa hacia abajo de nuevo. Un orificio del tamaño de una moneda en la tubería, admite un suministro de aire suficiente para permitir que la persona respire dentro del ataúd y se mantenga con vida hasta que llegue la ayuda".

....

Por si acaso...

Aunque si estás muerto de verdad, y no andas con la tontería de que si ahora estoy muerto y luego resucito, entonces no necesitas el anterior invento. Y puestos a descansar en paz ¿por qué no hacerlo en una tumba con un calendario solar? Personalizada, con estilo y buen gusto.

Calendario solar indicador de aniversario para tumbas

DISPOSITIF POUR FAIRE MARQUER LES ANNIVERSAIRES, PAR LE
SOLEIL PROJETANT, LORS DE CES INSTANTS, L'OMBRE D'UN OBJET
OPAQUE SUR UNE SURFACE QUELCONQUE AYANT DES TRACES
APPROPRIES
Inventor: Emil Vilaplana
FR2780195 A1
24-12-1999

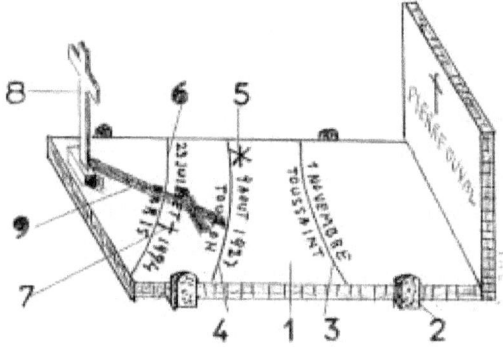

"Dispositivo que comprende un elemento (1) en el que se pueden marcar fechas actuales o aniversarios de fechas. Estas fechas están indicadas en las curvas (3,4,6) mediante dibujos o marcas en el elemento (1). Estas curvas se seleccionan o activan por la sombra de un objeto (8) que se proyecta, en la fecha del aniversario, en la marca de la curva que representan el momento en que tiene lugar el aniversario. Las posiciones de las curvas se calculan a partir de la posición en la que se colocará el objeto y la geometría de la tierra en relación con el sol. Como una alternativa al uso de la sombra proyectada por un objeto, puede utilizarse en su lugar un haz de luz que atraviese un orificio practicado en un objeto".

....

Ahora que, puestos mostrar buen gusto y estilo personal ¿por qué esperar a morirse?, ¿por qué no disfrutar de tu propio ataúd-convertible en vida? Pues esto es justamente lo que se le ocurrió a un inventor, como no, español.

Ataúd multifunción, un ataúd con biblioteca y bar

ATAUD MULTIFUNCION
Inventor: Víctor Sánchez Gómez
ES1076185 U
14-02-2012

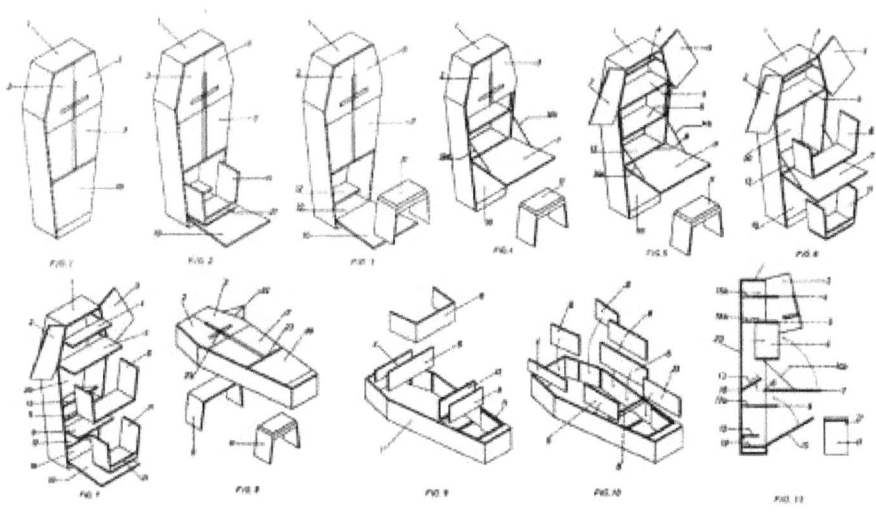

"Ataúd multifunción que puede utilizarse como:

Ataúd convencional, formado por un cuerpo principal (1) y cuatro puertas abatibles, dos superiores (2) y (3), una puerta central (7) y una puerta inferior (10), caracterizado porque en posición vertical puede funcionar a la vez como:

Biblioteca, ubicada en la parte superior del cuerpo principal (1) y conformada por las puertas superiores (2) y (3), la puerta central (7) y cuatro baldas móviles (4) (5) (6) y (13).

Escritorio, que es la vez la puerta inferior de la biblioteca (7) y que funciona abatido 90° sobre su canto inferior.

Bar, ubicado en la parte inferior del cuerpo principal (1) y conformado por la puerta inferior (10) y dos baldas; una fija acoplada a la base (20) del cuerpo principal y una balda móvil (9). Dentro del espacio bar se encuentra una silla (11) de dos patas en posición invertida. La silla (11) es un elemento totalmente independiente del cuerpo principal (1)".

....

¡Ríete tú de los muebles de IKEA!

Pero si no necesitas el "multimueble-ataúd" pero te gusta el ensamblaje, también puedes comprarte uno en cartón troquelado, ecológico y fácil de recortar y montar siguiendo unas sencillas instrucciones.

```
ATAUD ECOLÓGICO AUTOARMABLE
Inventor: Francisco Javier Ferrándiz Moreno
ES1077181 U
1o-09-2012
```

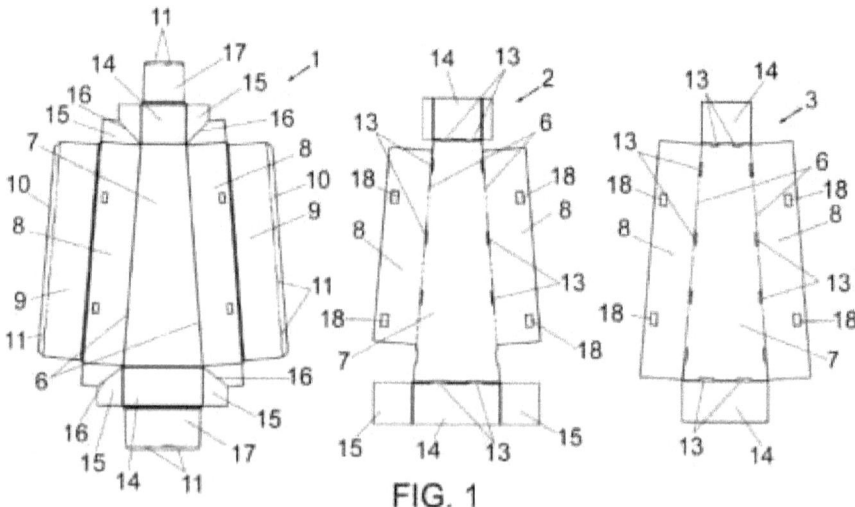

FIG. 1

Y si eres de los que gustan de planificar las cosas con tiempo, con el siguiente invento podrás saber cuánto te queda por disfrutar de las funciones biblioteca, escritorio y bar hasta que empieces a disfrutar de la función ataúd.

Reloj de esperanza de vida

LIFE EXPECTANCY TIMEPIECE
Inventor: David Kendrick
US5031161 A

09-06-1991

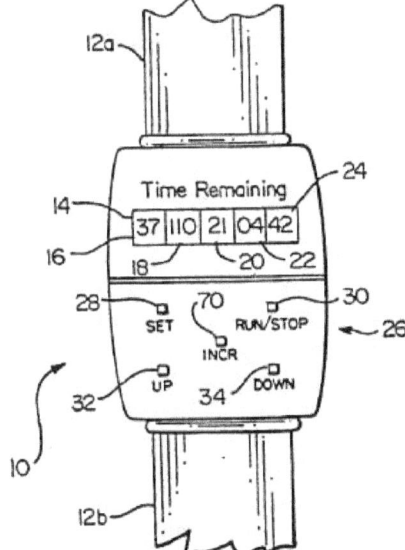

"La esperanza de vida ha sido una de las principales preocupaciones de las personas a lo largo de los siglos. Las compañías de seguros desarrollan y publican sistemáticamente tablas actualizadas para indicar las esperanzas de vida promedio de personas en determinados grupos sociales. Estos datos se basan en una serie de factores, como la salud general del individuo, si una persona fuma, consume alcohol en exceso, y factores genéticos como los antecedentes familiares de enfermedades conocidas y esperanzas de vida de familiares.

De acuerdo con la presente invención, se proporciona un reloj para el seguimiento y la visualización del tiempo de vida restante de un usuario. Un microprocesador controla el paso del tiempo. Una memoria reajustable está conectada al procesador para almacenar datos representativos de años, días, horas, minutos y segundos. Una pantalla está conectada al microprocesador para la visualización de los datos almacenados en la memoria. Se proporciona una pluralidad de botones o interruptores para cambiar los datos almacenados de manera que el tiempo aproximado que queda en la vida del usuario se puede reiniciar por parte del usuario".

....

Pues ya sabes, si la aproximación ha sido por defecto siempre puedes reiniciar con una nueva cuenta atrás. Lo malo es que si ha sido por exceso no podrás ir a reclamar a la tienda.

Si quieres prolongar tu esperanza de vida haz deporte al aire libre, pero protégete del sol

.

Parasol lleno de helio

HELIUM-FILLED SUN SHADES
Inventor: Frederick J. Sevilla
US5076029 A
31-12-1991

"La mayoría de los deportistas y amantes del aire libre conocen los peligros de la exposición prolongada al intenso calor y la luz solar. Para evitar estos peligros, que incluyen quemaduras solares, insolación, deshidratación y cáncer de piel, la mayoría de las personas toman ciertas precauciones, tales como la aplicación de protector solar, usar sombreros o viseras de ala ancha, llevar paraguas o sombrillas, o simplemente permaneciendo a la sombra.

Se proporciona un parasol lleno de helio para la protección de personas que participan en actividades al aire libre".

FIG. 1   FIG. 2

....

Helio versus "*Helios*".

Aunque si prefieres conducir antes que caminar y gustas de hacerlo con un brazo apoyado en la ventanilla, también hay un invento que te protegerá de la radiación solar.

Prenda protectora del brazo

ARM PROTECTIVE GARMENT
Inventor: George V. Rael
US5357633 A
25-10-1994

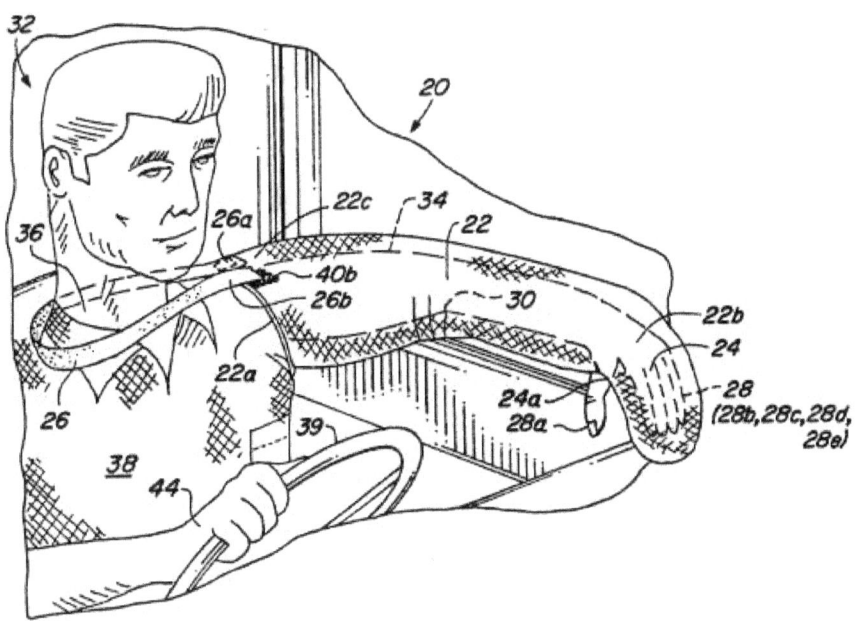

"Existe la necesidad de una prenda de un solo brazo que proteja tanto la mano como el brazo de un conductor de las quemaduras solares. La prenda debe estar fabricada de un material resistente al sol, lavable y de diseño sencillo y que permita una fácil portabilidad por un conductor. La simplicidad del diseño y construcción también asegura un bajo coste. La prenda debe ser plegable a un tamaño compacto para un fácil almacenamiento y transporte".

....

¿Crees que es un invento absurdo difícil de superar? Pues te equivocas. A alguien le pareció una idea tan buena, que se le ocurrió duplicarla.

Manguitos protectores de la radiación UV para brazos y manos de conductores

ARM AND HAND UV PROTECTION SLEEVE FOR DRIVING
Inventor: Li Ming Tseng
US5628062 A
13-05-1997

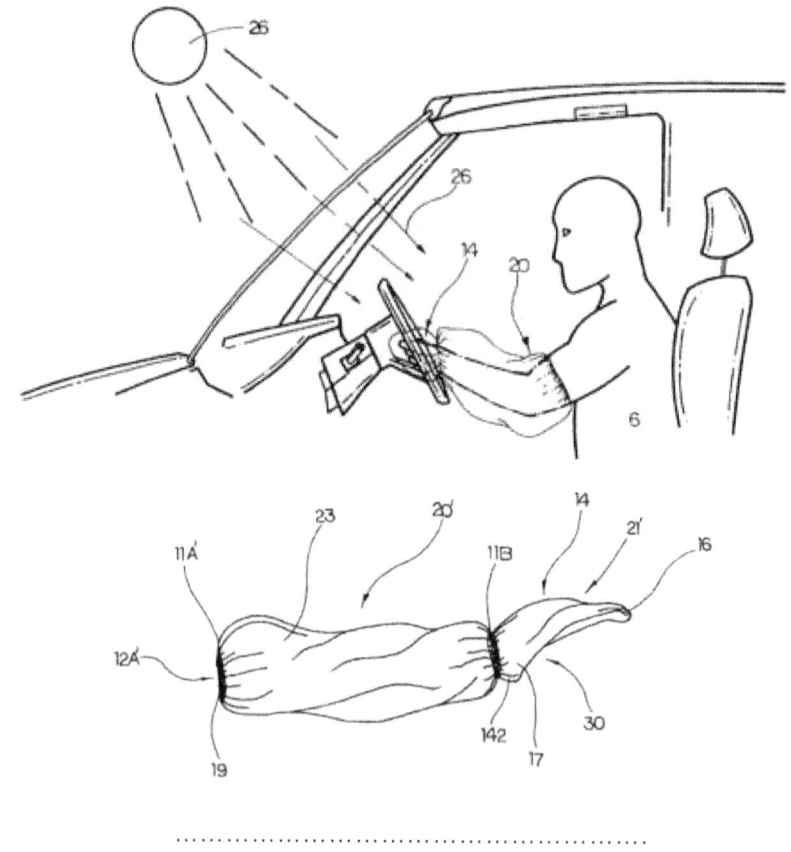

Pero si no te importa mucho que te de el sol. ¿Qué tal unos tiros mientras conduces?

Dispositivo para sujetar un rifle en un vehículo y método de uso

RIFLE MOUNT FOR VEHICLE AND METHOD OF UTILIZING SAME
Inventores: John H. Strong, III, Joseph Gualtier, John
Lee Still, Patricia Anne Fordyce
US5755411 A
26-05-1988

"Un aparato para facilitar el acto de disparar un arma de fuego desde el interior de un vehículo que incluye una puerta y una ventanilla retráctil. El aparato incluye una plataforma de disparo, con una primera superficie de soporte, generalmente horizontal, una segunda superficie de soporte generalmente horizontal situada por encima de la primera superficie de soporte y una superficie inclinada de unión entre ambas. La plataforma de tiro está apoyada en un soporte que se extiende hacia abajo desde la plataforma de tiro y descansa sobre la superficie exterior de la puerta del vehículo. El aparato puede fácilmente montarse y desmontarse sobre una porción del cristal bajado de la ventanilla mediante un par de paredes opuestas en las que se encaja el cristal de la ventanilla. La plataforma de disparo se ajusta mediante un poste retráctil".

....

Ideal para desestresarse en los días de tráfico congestionado.

Y ya que vas a tener que soportar la contaminación de las emisiones de los escapes de los otro vehículos, ¿Qué tal el siguiente invento?

Campana de humos

SMOKE HOOD
Inventor: David Shichman
US5214803 A
01-06-1993

"Se proporciona una capucha-campana para usarse sobre la cabeza y protegerse de humos y gases. La campana está sellada herméticamente por todos lados y está provista de una abertura por la que se puede introducir la cabeza. Se proporciona un cierre hermético alrededor del cuello del usuario, de forma que no hay entradas de aire del exterior ni fugas del interior".

El siguiente invento también tiene que ver con los gases. Aunque en este caso, más que un sistema de protección personal frente a gases nocivos se trata de un sistema personal de control de emisiones.

Desodorizante de flatulencias

FLATULENCE DEODORIZER
Inventores: Brian J Conant, Myra M Conant
US6313371 B1
06-11-2001

"La presente invención hace referencia al control de excreciones intestinales y, más específicamente, a un desodorizante de las flatulencias. Hay varios dispositivos para hacer frente a los problemas de flatulencias con algún grado de éxito. Sin embargo, todos ellos son engorrosos y/o voluminosos. La presente invención, el desodorizante de flatulencias, es el primer producto para esta aplicación que utiliza tela de carbón activado como desodorante, ya que es mucho más eficaz en la eliminación de olores que otros agentes conocidos y, debido a su acción de filtrado altamente eficiente, el espesor de la tela puede reducirse significativamente sin perder eficacia. El filtro se lleva pegado en el interior de calzoncillos o bragas y debido a su poco espesor, el usuario se siente cómodo y prácticamente inconsciente de su presencia. El filtro de tela de carbón activado también es lavable y reutilizable. Esto hace de la presente invención el método más eficiente, cómodo y barato, y el menos intrusivo, para la desodorización de las descargas gaseosas".

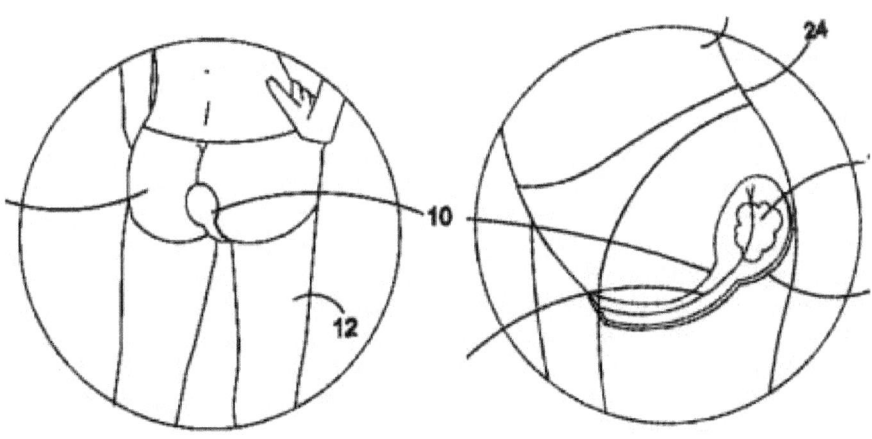

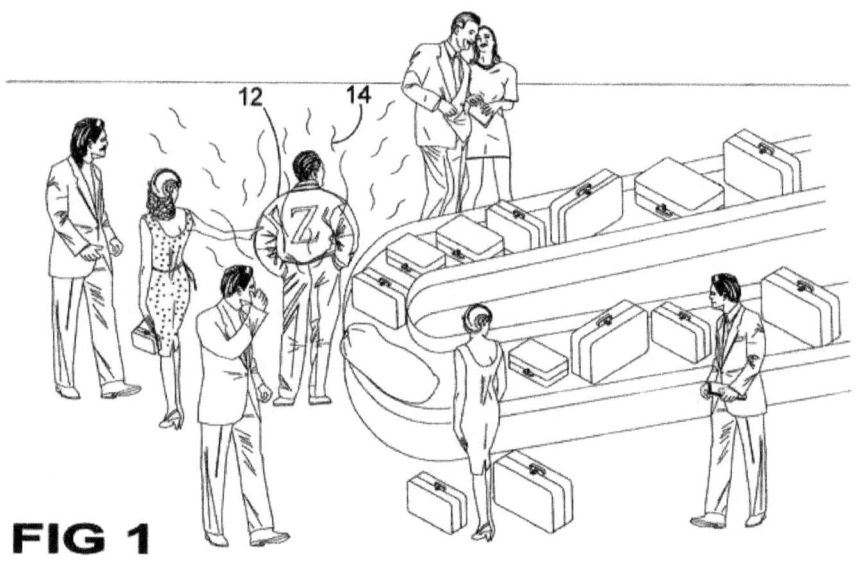

FIG 1

....

Una figura que ilustra de una forma muy gráfica el problema que resuelve la invención.

La siguiente invención también fue diseñada para recoger los gases de las flatulencias. Sin embargo, en vez de hacerlo adsorbiendo los gases con carbón activado usa un método mucho más directo.

Recolector de flatulencias

INTESTINAL GAS COLLECTION
Inventor: Colin Louis Avern Leakey
GB2289222 A
10-05-1995

"Antecedentes de la invención:

Las cuestiones relacionadas con el origen de los gases intestinales y su relación con los síntomas de abdomen han sido ampliamente estudiadas durante más de 100 años. Mientras que una amplia gama de síntomas han sido atribuidos a la presencia de gas en el tracto intestinal, existe poca información objetiva para justificar cualquier relación entre flatos, su volumen y/o composición y el consumo de determinados alimentos y/o condiciones médicas.

Este debate cobra cada vez más importancia debido a la creciente incidencia del "síndrome de colon irritable", del que se sabe relativamente poco. Los investigadores en este campo se encuentran con problemas a la hora de comprobar sus hipótesis debido a la dificultad de obtener datos relativos a la producción de gas de flatulencias.

Varios métodos han sido descritos para el análisis de la producción de gas de flatulencias por los humanos. Uno de tales métodos implica retener a los sujetos, durante un prolongado período de tiempo, en una cámara de gas hermética. Esto podría ser aceptable para fines experimentales, pero claramente no es ideal para, por ejemplo, diagnósticos de rutina.

Resumen de la invención:

Un dispositivo para la recogida de flatulencias de un sujeto humano o animal, comprendiendo el dispositivo un tubo de recogida estanco a los gases (10) para su inserción en el recto del sujeto, los medios de retención comprenden un par de anillos circulares (18) que se insertan en el esfínter del sujeto, para acoplar el tubo de recogida, proporcionando una junta estanca a los gases. El extremo del tubo insertado en el sujeto está perforado y cubierto con una gasa filtro para evitar la entrada de materia sólida. Este extremo del tubo de recogida también está cubierto con una membrana permeable a los gases, el extremo distal del tubo está conectado a una bolsa estanca de recogida de los gases".

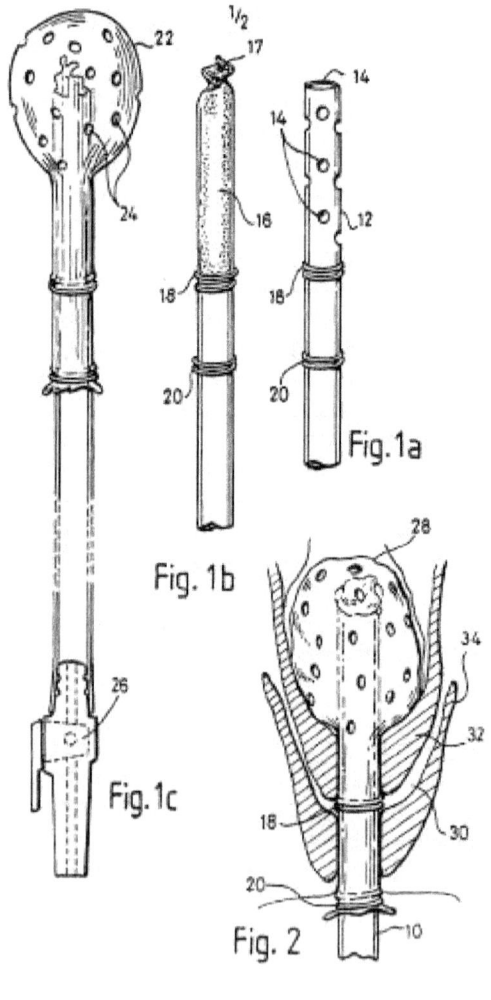

Fig. 1a

Fig. 1b

Fig. 1c

Fig. 2

¡Caramba! Pues no le deseo a nadie un análisis con uno de estos.

Pero en lo tocante a estos asuntos lo suyo sería un invento que facilite el desalojo intestinal y haga más confortable el inevitable trámite en el inodoro. Qué, por cierto, no se a quien se le habrá ocurrido el nombrecito, pero inodoro, lo que se dice inodoro, el inodoro no lo es. Bueno, juegos de palabras aparte, la siguiente patente recoge precisamente un invento que hay que poner para un mejor deponer.

Asiento de váter con separador de nalgas

TOILETTENSITZ MIT MITTELN ZUM SPREIZEN DER POBACKEN
Inventor: Lange Georg Oswald
WO2002069773 A1
12-09-2002

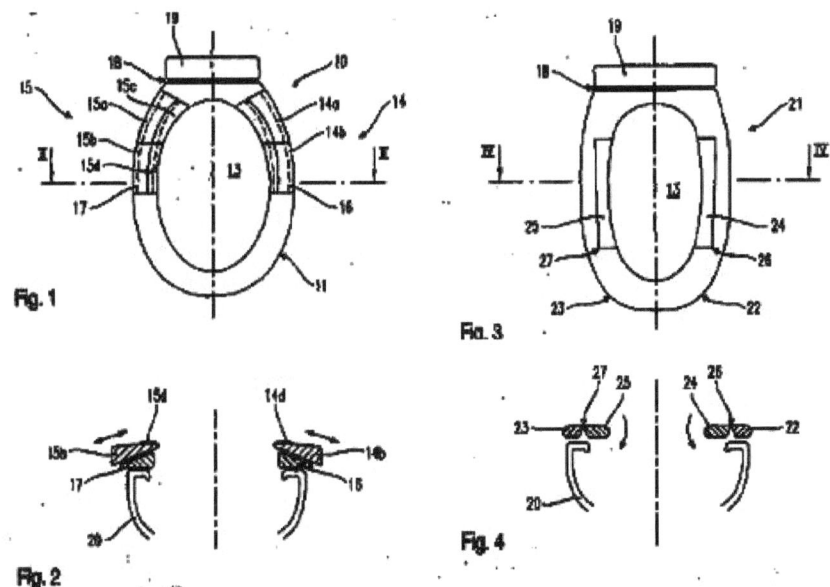

Fig. 1

Fig. 3

Fig. 2

Fig. 4

"Los asientos de inodoro convencionales tienen un elemento anular de asiento, el llamado asiento de inodoro, con una superficie de asiento y por lo general una cubierta. Las dimensiones de los asientos de inodoro están generalmente estandarizadas, así como la taza del inodoro. Estos asientos normalmente se adaptan al tamaño y peso de la gente común y no están adaptados a las necesidades específicas de, por ejemplo, las personas grandes o pequeñas, especialmente los niños o las personas obesas o muy delgadas.

Una desventaja de este asiento de inodoro convencional, es que fuerza al usuario a adoptar una posición en cuclillas que resulta relativamente incómoda ya que las nalgas sólo se separan ligeramente por lo que no se pueden prevenir suficientemente que las nalgas se contaminen.

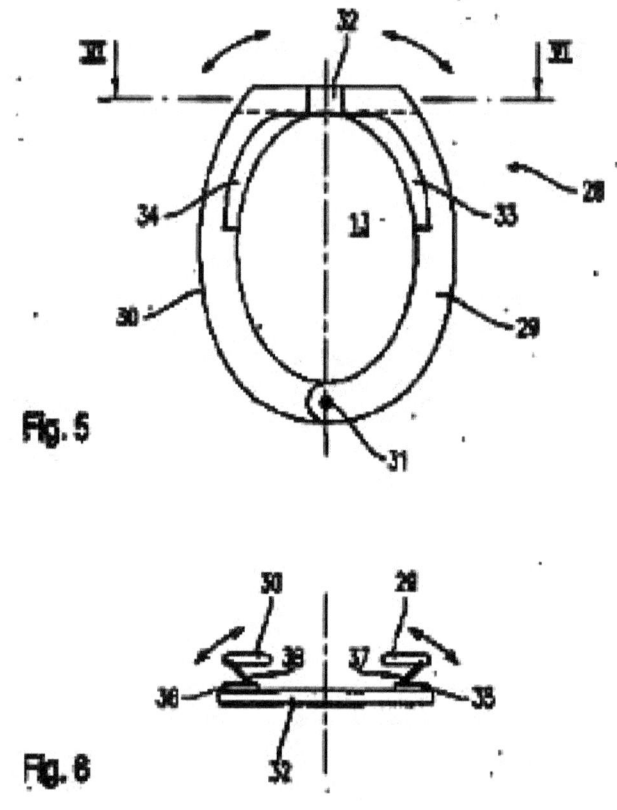

Fig. 5

Fig. 6

La presente invención se refiere a un asiento de inodoro (28) que comprende una superficie de asiento para el usuario y una abertura (13) limitada por la superficie de asiento. La invención tiene como objetivo facilitar la defecación para el usuario de una manera simple, cómoda y la prevención de la suciedad en la zona alrededor del ano cuando se defeca. El asiento está dotado de dispositivos que son accionados por el peso del usuario para la separación de las nalgas del usuario durante el proceso de defecación".

....

Dicen que las comparaciones son odiosas, pero con la siguiente patente tendrás la oportunidad de comparar y decidir si prefieres la tecnología alemana o la española.

Aparato doméstico de fabricación de nieve artificial para limpieza del ano

Inventores: José María García Tarrats, Magdalena Giraldo
Cisneros, María Huertas Reverte García
WO2005073647 A1
11-08-2005

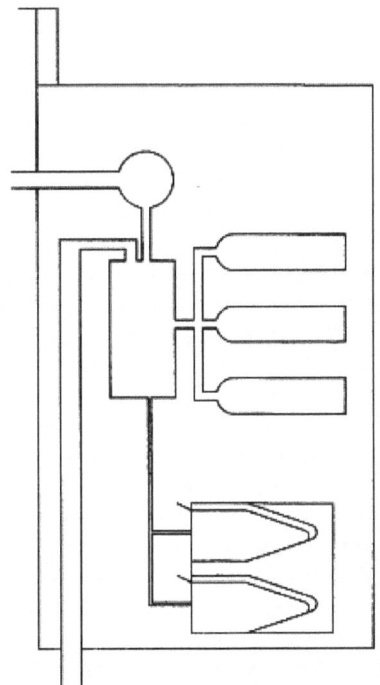

"Como es sabido, los sistemas de limpieza anal cotidiana son invariables en todo el mundo civilizado: se limitan al papel higiénico, y sólo en algunos países, varían: en Turquía, por ejemplo, es generalizado el inodoro con agua proyectada, y los inodoros en venta actualmente con proyección de agua y secador incorporado son, sencillamente, inaccesibles para el gran público.

Las ventajas de uso del invento son múltiples, en relación al actual sistema, a destacar: es higiénico, es terapéutico -para hemorroides, fisuras, alergias, infecciones,...- , es preventivo -nunca genera escozores ni irritaciones-, es posible incorporar lociones, productos farmacéuticos, esencias naturales, es ecológico -la reducción de consumo de papel para este uso puede bajar drásticamente- y es adecuado para inodoros donde no es posible el uso de papel higiénico -evacuación con triturador-.

La invención se refiere a un sistema eléctrico, doméstico, de producción de nieve artificial, para limpiarse con nieve el ano, que puede comprender a) captación de agua de la red, cisterna o depósito incorporado, b) transporte de nieve, agua y/o aire, c) depósitos para incorporar aromas, esencias curativas, lociones, desinfectantes, productos farmacéuticos o productos que modifiquen la temperatura del punto de congelación y/o la textura sólida de la mezcla, d) sistemas de refrigeración, e) sistemas de secado de aire, f) sistemas para proyectar la mezcla resultante en forma de nieve, g) recipiente alargado de no más de 0,5 litros de volumen, h) émbolo para prensar la nieve, i) dispositiva que permite sacar sin dificultad la nieve del recipiente, j) sistema de desagüe, k) dispositivo para papel higiénico, 1) reguladores de producción de nieve, temperatura, humedad, m) activadores del aparato, n) cámara térmica.

....

Si este invento te deja *"helado"* a ver qué te parece este otro ingenio para la limpieza anal con el que además de poder usar agua cliente, puedes incluir enjabonado, súper-aclarado y abrillantado.

```
AUTOMATIC HYGIENIC WASHING MACHINE
Inventor: Butoi Aristote
US4092744 A
06-06-1978
```

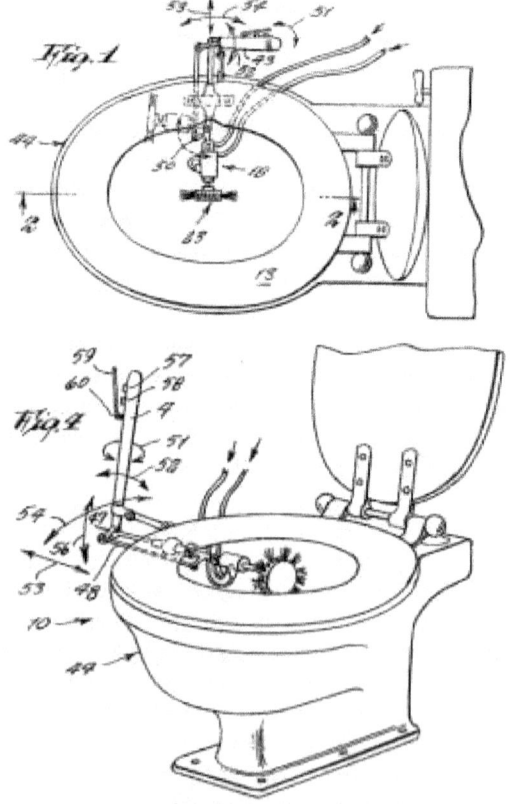

Y si buscas algo más ecológico...

Dispositivo desechable, de quita y pon, para defecar en inodoro sin utilizar agua

Inventor: Vicente Pérez Cano
ES2394463 A1
30-01-2013

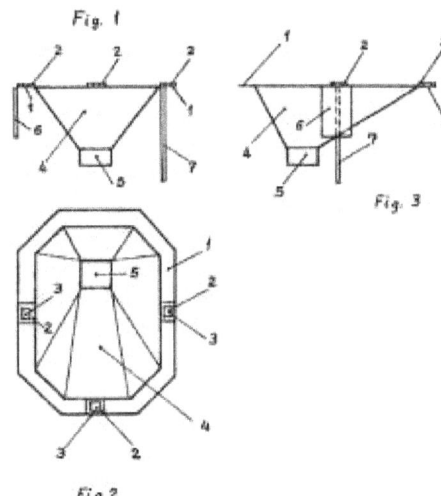

"Como es conocido, al acto humano de defecar se hace generalmente en el inodoro y los excrementos, tanto sólidos como líquidos, se evacuan a la red de saneamiento de los edificios y, como consecuencia, la conducción de estos residuos va a parar a los ríos y mares con el consiguiente riesgo y posibilidad de contaminación.

La presente invención evita totalmente ésta situación siendo al mismo tiempo respetuosa con el medio ambiente, al no verter nada a la red de saneamiento de los edificios, ya que el dispositivo, una vez usado, se cierra herméticamente para su uso como abono orgánico, siendo totalmente elástico e impermeable.

Se trata de un dispositivo de uso para la población humana dentro del sector higiénico-sanitario, tanto público como privado.

El dispositivo desechable, de quita y pon, para defecar en inodoro sin utilizar agua está compuesto a base de fécula de patata y celulosa, materiales muy versátiles que se consiguen a partir de recursos renovables al 100%, con unas características similares a la de un plástico de uso habitual pero en el caso objeto de esta invención, es de origen natural y de fácil renovación, a diferencia de los que se pudieran realizar con derivados del petróleo.

El dispositivo es altamente ecológico por su reducción de los impactos ambientales, así como de fácil conversión en residuos orgánicos ya que la fécula de patata es un hidrato de carbono y la celulosa es un polisacárido que forma parte de las células vegetales y no contamina.

El problema planteado de defecar en los inodoros, es el vertido a la red de saneamiento de los edificios, con la consiguiente contaminación a los medios de evacuación y medio ambiente y el consumo tan enorme de agua que ello conlleva.

El dispositivo objeto de la presente invención, soluciona el problema descrito estando constituido por una sola pieza con tres partes bien diferenciadas: la parte superior o pestaña plana que irá sujeta mediante adhesivos al marco de la tapadera del inodoro para evitar su deslizamiento, la parte central en forma de tronco piramidal, de desarrollo asimétrico, y la parte inferior en forma de depósito cuadrangular en donde es recogida la materia orgánica tras defecar, es decir, las heces y orines de las personas.

Una vez utilizado el dispositivo, se despega del inodoro y se cierra herméticamente, siendo totalmente elástico e impermeable en su construcción, quedando dispuesto para ser utilizado como abono orgánico.

Las ventajas que aporta el dispositivo objeto de la invención con respecto al uso cotidiano de defecar directamente en el inodoro, son las siguientes: no se hace consumo de agua, no se vierte ningún residuo proveniente de las personas a la red de saneamiento de los edificios y además puede convertirse rápidamente en abono pudiéndose utilizar con fines industriales y comerciales".

....

Otra propuesta similar, y contemporánea de la anterior, nos llega, en esta ocasión, de la mano de una inventora.

Orinal hinchable

Inventora: María Del Carmen Martínez Escudero
ES1093581 U
22-11-2013

"En la actualidad existe una amplia variedad de orinales, cuya función siempre es la misma, la de recogida de orina y excrementos de los usuarios de los mismos. Desde el principio de su utilización, su lugar de ubicación solía ser bajo de la cama y su uso estaba orientado a la recogida de orina y excrementos durante las horas de sueño, para que el usuario no tuviera que desplazarse hasta el baño. En la actualidad este uso es ya bastante reducido, viéndose limitado a personas mayores, las que por costumbre o por problemas de movilidad reducida, siguen utilizando el orinal por las noches. No obstante, el orinal ha seguido utilizándose, aunque para ello ha cambiado el tipo de usuarios del mismo. Así pues, actualmente su uso principal está dirigido a usuarios de más corta edad, es decir, a niños pequeños, tanto en su enseñanza a la hora de abandonar el pañal, como principalmente para solucionar las urgencias de los mismos en los momentos en que estos se encuentran fuera de casa y no disponen de un baño para aliviar sus necesidades. La opción de transportar el orinal (convencional) cuando se sale a dar un paseo o a cualquier otra cuestión, resulta cuanto menos engorrosa, por el tamaño del mismo así como por la necesidad de disponer de un lugar en el que evacuar los restos una vez el orinal ha sido utilizado, así como la necesidad de limpiarlo para eliminar los restos y olores que no hagan aún más incómodo el transporte del mismo. Así pues, es éste un tema importante pues los padres o cuidadores en multitud de ocasiones se ven en la situación de que es fuera de casa donde al niño le vienen las ganas de realizar sus necesidades, y es entonces cuando echan de menos el orinal que por ser tan incómodo de transportar, han decidido dejar en casa.

El orinal hinchable, que aquí se presenta comprende un cuerpo principal formado por una cámara de hinchado que presenta una primera posición de no utilización en la que se encuentra plegado y una segunda posición de utilización en la que se encuentra hinchado y en la que el cuerpo adopta forma de asiento...

De acuerdo con otra realización preferente, el canal perimetral hueco está formado por un pliegue cerrado a lo largo del extremo abierto de una bolsa de recogida. Esta bolsa de recogida se encuentra sujeta al contorno interior de la superficie plana de asiento del cuerpo principal, de manera que el extremo abierto de la bolsa es un extremo libre y sobresaliente respecto al extremo superior del cuerpo principal y el extremo cerrado opuesto de la misma se encuentra dentro de la cavidad interior del cuerpo principal…

Una vez ha sido utilizado el orinal hinchable, el cordón de cierre (8) se estira por las dos aberturas de salida del mismo simultáneamente, de manera que el canal (7) perimetral se frunce sobre el orificio (4) central, generando el cierre de la cavidad 6 interior del cuerpo principal (1). A continuación se abre la boquilla (10) para permitir la salida de al menos parte del (15) aire, quedando el orinal hinchable tal y como se muestra en la Figura 2…

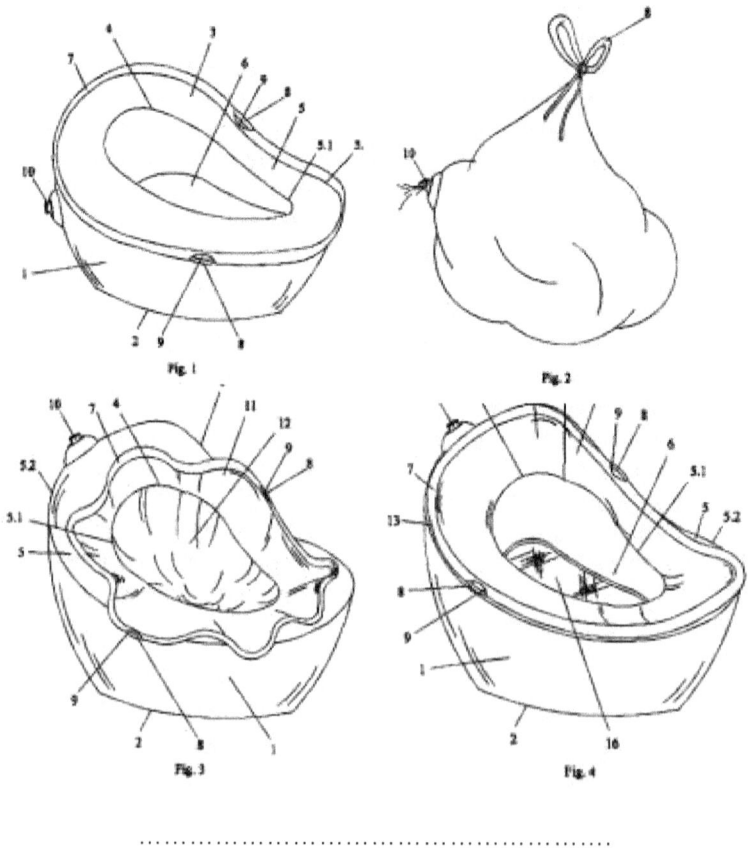

Pues como dijo Súper-Ratón: ¡no se vayan todavía, aún hay más!. Y es que el tema escatológico da para mucho.

Pegatina para tazas de váter

Inventor: José Antonio Mota Veci
ES1086156 U
29-07-2013

"Sector de la técnica: La presente invención está relacionada con el acondicionamiento de las tazas de váter para conseguir una funcionalidad más práctica de las mismas, proponiendo una pegatina destinada para fijarse en el interior de las tazas de váter, con el fin de determinar un enmarcado gráfico del orificio de desagüe de dichas tazas, para establecer una referencia de dirección de las evacuaciones que se depositen en dichas tazas.

Estado de la técnica: en los aparatos sanitarios de urinarios es conocida la práctica de disponer señales de referencia colocadas en puntos estratégicos, para que los usuarios de manera intencionada, o inconscientemente, traten de dirigir el chorro de la micción hacia dichas señales, con el fin de evitar salpicaduras hacia el propio usuario o al entorno exterior del aparato urinario

Para que cumplan con la mayor efectividad su función, dichas señales de referencia suelen determinarse mediante pegatinas representativas de motivos que llamen la atención de los usuarios, como representaciones de arañas u otros insectos.

Dichas señales de referencia pueden colocarse igualmente en las tazas de váter con la misma finalidad de orientación de las evacuaciones de micción para evitar salpicaduras, pero no existen referencias que faciliten la dirección de las evacuaciones hacia el orificio de desagüe de las trazas de váter, para reducir el manchado de las mismas y, por consiguiente, facilitar la limpieza posterior.

Objeto de la invención: de acuerdo con la invención, se propone una pegatina destinada para el interior de las tazas de váter, con el fin de determinar un enmarcado gráfico del orificio de desagüe de las mismas que sirva de referencia para dirigir las evacuaciones hacia dicho orificio de desagüe.

Descripción: la pegatina comprende dos piezas (3) y (4) complementarias de estructura laminar, las cuales determinan unas formas que se complementan con representaciones gráficas impresas en la cara frontal, mientras que en la cara posterior incorporan una impregnación de adhesivo protegida con una cubierta de papel que es retirable para la fijación de la pegatina en su aplicación.

La primera pieza (3) de la pegatina determina una zona (3.1) que representa una cara, poseyendo una extensión inferior (3.2) que representa una garganta; mientras que la segunda pieza (4) determina una franja (4.1) arqueada que representa una mandíbula, con una zona (4.2) que representa una lengua sobre la representación de la mandíbula".

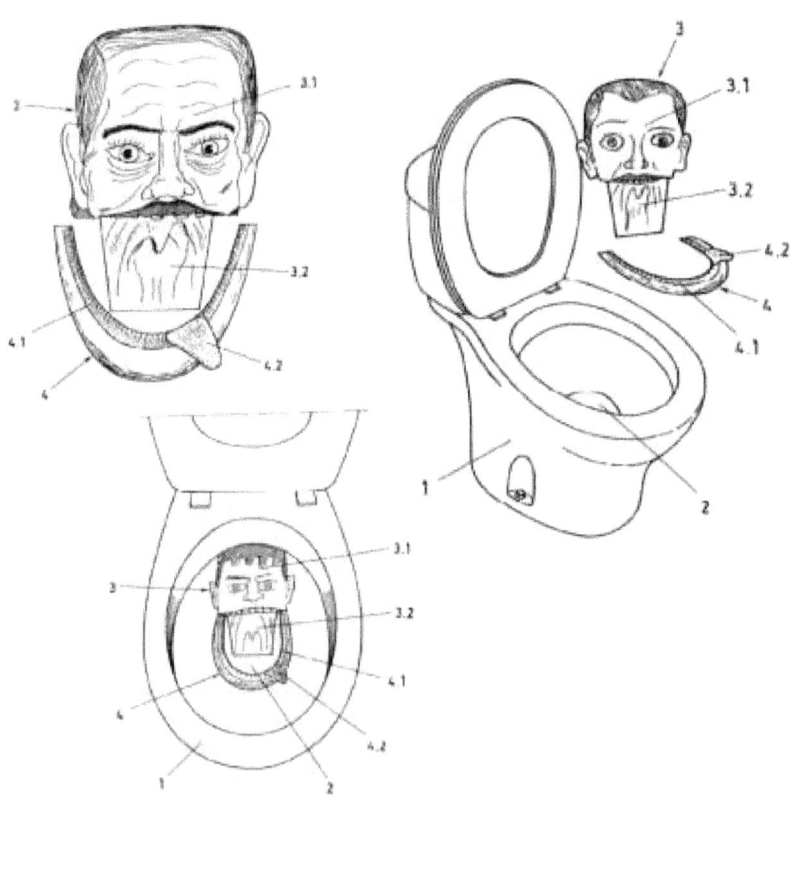

....

Diríase, a la vista de estas últimas patentes, que el inventor hispano se centra en las cosas pequeñas y cotidianas. Nada más lejos de la realidad, la siguiente patente es un claro ejemplo de cómo "*pensar a lo grande*".

Pista de frenado, en pendiente, y despegue de aviones

Inventor: Francisco Javier Porras Vila
ES2247904 A1
16-02-2007

"Objeto de la invención: el principal objetivo de esta invención es la de conseguir que un avión necesite sólo de unos pocos metros para la labor de frenado en el aterrizaje, en tanto que la Energía Cinética que lleva en vuelo se debe reconvertir en Energía Potencial cuando el avión, una vez ha tomado ya tierra, deba remontar una determinada altura. Y del mismo modo, utilizando en sentido contrario la pista, es decir, haciendo descender el avión por la rampa, se puede conseguir que el avión alcance la velocidad necesaria para emprender el vuelo pudiendo así producir un ahorro considerable, en tanto que es en las tareas de despegue donde más propulsante se gasta.

Antecedentes de la invención: no conozco ningún aeropuerto que tenga las pistas de aterrizaje o de despegue en la forma que aquí se describe.

Descripción de la invención: la pista de frenado, en pendiente, y despegue de aviones, es una pista reforzada de asfalto, cuya forma en pendiente -figura nº 1- permite al avión que se frene por medios naturales gracias a la fuerza de gravedad que actúa en el momento en que el avión debe remontar una determinada altura por la rampa. A esta rampa llega el avión después de haber tomado tierra en un tramo horizontal de pista como los existentes en la actualidad. Esto permite que el aterrizaje se haga en muy pocos metros, y, sobretodo, hay que decir que, este tipo de pista, asegura que el avión siempre se va a detener antes de llegar al final del tramo de la rampa, sean cuales sean las condiciones en las que ha llegado a la pista de aterrizaje, es decir, que incluso en las peores condiciones climáticas como lluvia, nieve, etc... el avión podrá detenerse. Y, además de la seguridad que ésto produce, hay que tener en cuenta también el considerable ahorro de frenos, ruedas y asfalto que se efectúa, porque al no crear un rozamiento dinámico en la frenada, todos estos mecanismos nombrados se ven libres de sus efectos. Por otro lado, la pista puede ser usada también en sentido inverso para despegar. Esto ocurriría en aquellos casos en que no se haya añadido una pista especializada para el despegue, y de las mismas características a la anterior. El ahorro que se produce así es el de combustible, porque es en la tarea de despegue en la que un avión gasta una gran cantidad de energía. De esta manera, el avión, al descender por la rampa, y mientras lleva los motores al ralentí, gana velocidad por la fuerza de gravedad, y cuando ha llegado a la parte inferior de la pendiente y ha ganado suficiente velocidad, esa velocidad ya le sirve para remontar el vuelo y despegar, o en cualquier caso, sólo necesitaría un pequeño empuje de los motores para empezar a elevarse. En el caso de ser usada en portaaviones de la Armada, la pista, obviamente, sería de otro material que el asfalto, aunque, también podría ser de este material".

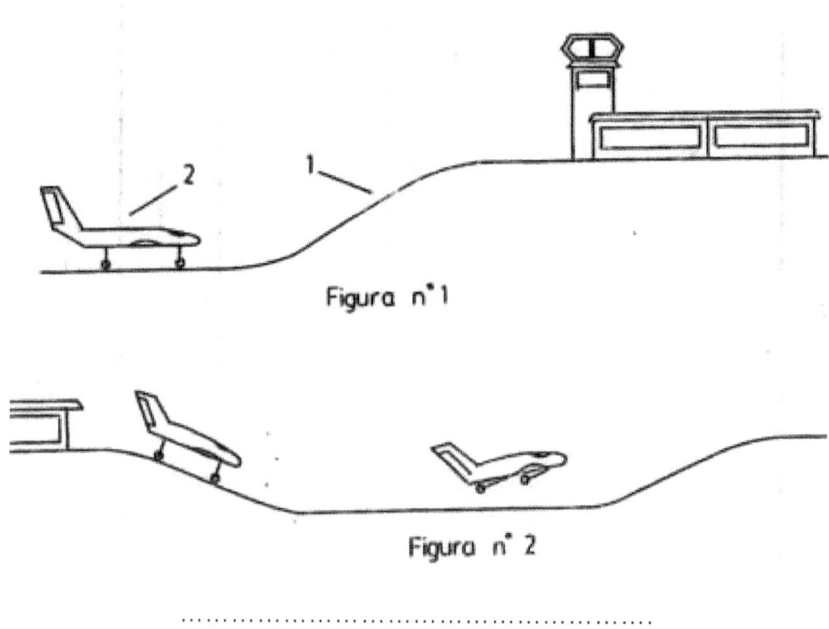

Figura n° 1

Figura n° 2

....

Bueno, si vale para un portaaviones ¿por qué no va a servir para usarla en aeropuertos? Aunque, no sé yo, algo me dice a mí que...

La siguiente es otra patente del mismo inventor. Más ambiciosa incluso que ésta y que puede que algún día salve a la humanidad y hasta a la Tierra de la destrucción total por un impacto con un meteorito. Que digo yo, que si puede destruir la Tierra, más que meteorito será, como poco, un "meteorote".

¡Eso sí que es "pensar a lo grande" y lo demás tonterías!

Nave espacial anti-meteoritos

Inventor: Francisco Javier Porras Vila
ES2328436 A1
12-11-2009

Figura n° 1

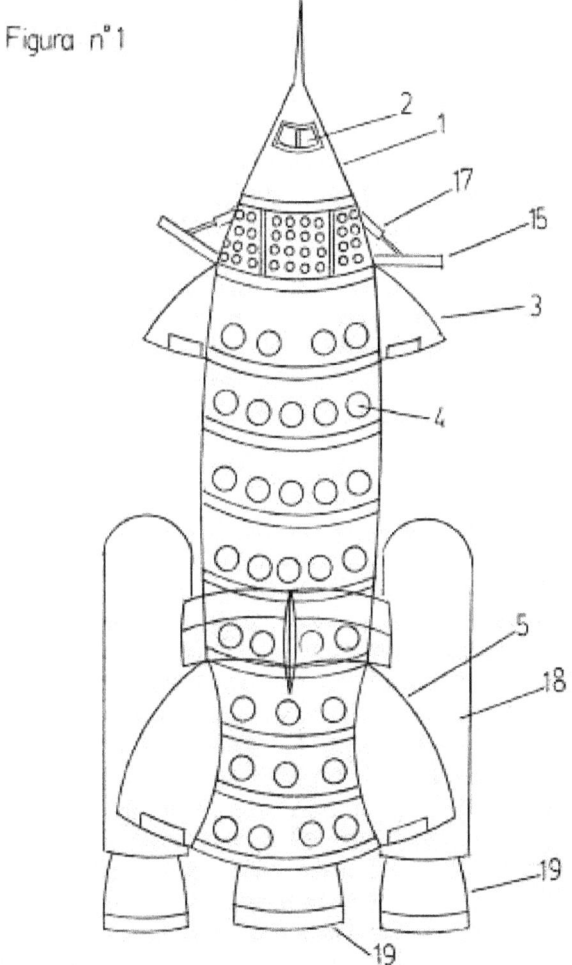

"La nave espacial anti-meteoritos es un recurso contra las piedras de grandes dimensiones que puedan algún día amenazar la Tierra. Como es una nave que puede ascender con mucho peso, se le pueden instalar un buen número de bombas atómicas de gran tonelaje para que puedan impactar contra el meteorito y fragmentarlo, o al menos desviarlo de su curso hacia el planeta. La otra función de esta nave es la de poder fragmentar a distancia algunos pedruscos de menor tamaño. Para este cometido tiene instalados un conjunto de rayos láser (16) que se agrupan en paneles móviles (15), situados en el cuello de la Nave, como si de una "gorguera" se tratase. Llegado el momento de su uso, los paneles (15) que contienen los múltiples rayos láser, se abrirán hacia atrás mediante unos brazos hidráulicos (17) y atacarán a su objetivo -figura nº 5-. Estos paneles tendrán un eje central que les permitirá moverse hacia un lado y el otro, incluso hacia atrás. La energía que alimentará a estos grupos de rayos láser es la que proporcionarán unos generadores eléctricos que tienen unas cuñas huecas (11) de aire, que se moverán por el aire que moverán las hélices (7) de los motores (6). Pero, antes de describirlos en detalle, pasaré a describir los motores de la nave. La nave espacial anti-meteoritos (1) es una nave cilíndrica, véase la figura nº 1, formada por varios segmentos circulares o pisos. En cada uno de ellos vemos unas toberas (4) que son el punto extremo de salida del aire de un embudo (8), por el que circula el aire que han movido las hélices interiores del segmento circular. Vemos en la figura nº 3 un motor eléctrico (6) que mueve las hélices (7) de un ventilador de varios metros -supongamos que tiene 4 metros de envergadura-. Frente a él hay un embudo (8) que canaliza el aire hacia la tobera (4), que se halla en el límite del fuselaje para sacar así el aire del interior del embudo. Unas varillas metálicas (9) y (10) sirven para fijar estas piezas al suelo del piso del segmento circular. Los generadores pondrán sus cuñas huecas (11) en el interior de este embudo, y así se asegurarán de tener un flujo de aire permanente que hará girar, también de modo permanente, al eje (12) del generador. En la figura nº 2 se ha representado un corte del segmento circular, visto desde arriba. Esto muestra cómo será la disposición de los elementos descritos en la figura nº 3. Los motores (6) con sus hélices (7) y sus embudos (8), se pondrán en círculo -figura nº 2-, y habrá tantos motores como quepan en el perímetro del segmento circular. Se ve en la figura nº 2 que se pueden poner dos filas de motores (6) con sus hélices (7) y embudos (8), en el caso en que el diámetro del segmento sea lo suficientemente amplio. Lo que utiliza este nave espacial anti-meteoritos para alimentar los motores eléctricos es la energía eléctrica de unos generadores del tipo (2 x 1) de mi patente anterior ES2221572 titulada: generador de cuñas e imanes para vehículos, y de mi patente ES2246127, titulada: pistón electromagnético con generador eléctrico. Estos generadores llevan en el eje, unos imanes (13) en parejas, positivo y negativo, enfrentados a los imanes simples (14), de tamaño doble que los imanes del eje y con bobina de hilo de cobre, que se disponen en la cara interna de la carcasa. El generador de cuñas e imanes para vehículos es lo que se va a poner entre las hélices (7) y los embudos (8) -ver figura nº 3-, para asegurarse del abastecimiento de energía, ya que mientras las hélices se muevan, las cuñas huecas del generador moverán su eje, y por tanto, también a los imanes en parejas, con lo que la variación del flujo magnético está asegurada y también lo estará, por tanto, la generación de nueva energía eléctrica, en cantidad suficiente como para alimentar las baterías de donde se nutran los motores eléctricos de las hélices y los rayos láser. Tal vez, suceda en alguna ocasión que haya que elevar más peso del esperado. Para eso no hay más que unir con vigas de acero, a esta nave espacial anti-meteoritos, con otra nave igual, o con otras dos más, para que puedan unir sus fuerzas y elevar el peso en exceso, o más bombas atómicas. A la nave se le añade un motor en la popa, o bien, se le pueden añadir dos tanques de carburante exteriores (18) con su motor y su tobera (19). La función de estos motores de carburante no es el de ascender a la nave más allá de la atmósfera, sino de permitirle moverse cuando ya se halle en el espacio".

....

Cabe comentar que el Sr. Porras Vila ha patentado, hasta la fecha, un total de 208 inventos de toda índole. Algunos de ellos sencillos, para resolver sencillos problemas cotidianos, y otros realmente ambiciosos y disparatados como algunos de los que aquí se muestran.

SALTO DE AGUA ARTIFICIAL PRODUCIDO POR UNA RUEDA DE ALABES QUE LA ASCIENDE, LA CANALIZA, Y LA DEJA CAER SOBRE UN CANAL VERTICAL EN CUYO INTERIOR HAY OTRAS RUEDAS DE ALABE
ES1047636 U
01-05-2001

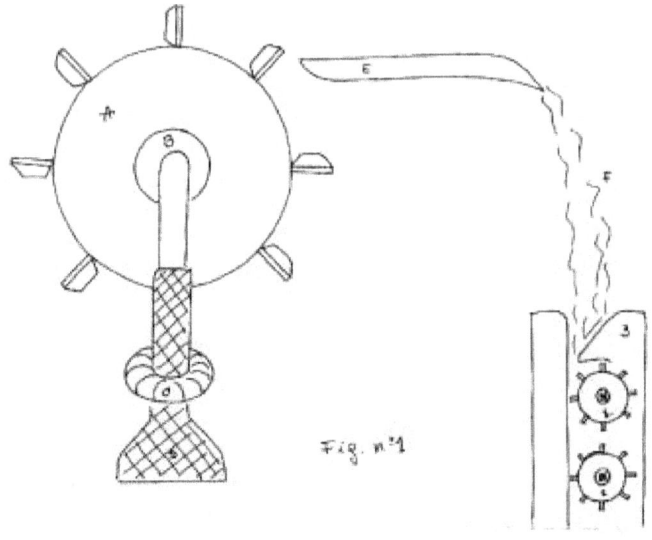

Fig. n°1

AVION SIN ALAS
ES1050886 U
01-06-2002

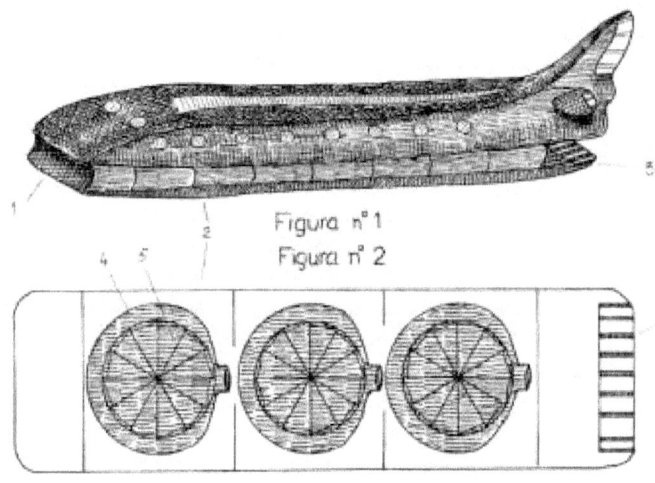

Figura n° 1

Figura n° 2

AVIÓN A PEDALES DE DESPEGUE VERTICAL
ES2375004 A1
24-02-2012

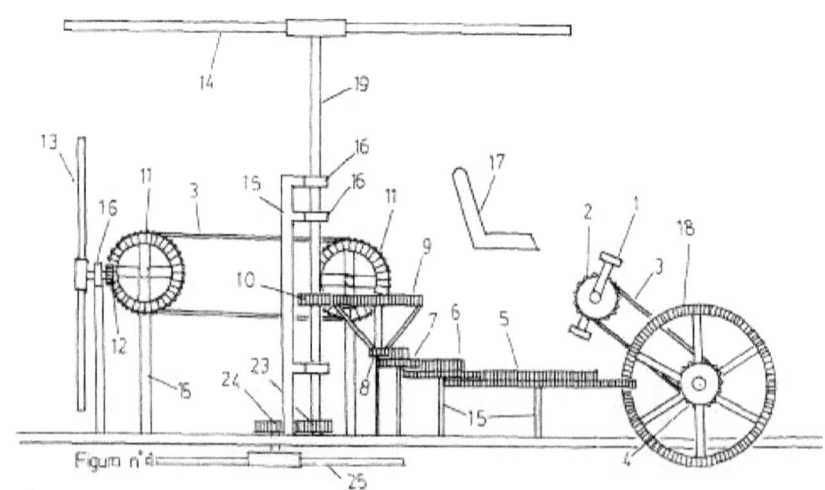

Figura n°d

HELICES ANTI-CAIDA, PARA AVIONES
ES2322738 A1
25-06-2009

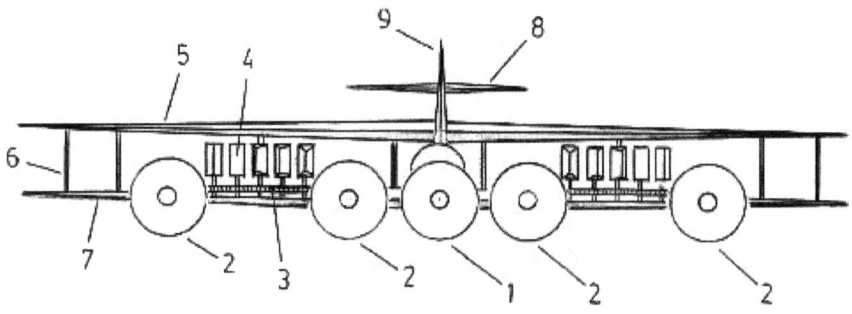

SUBMARINO DE PROFUNDIDAD CON TUBOS QUEBRADOS Y MUELLES
CONCÉNTRICOS
ES2481541 A1
30-07-2014

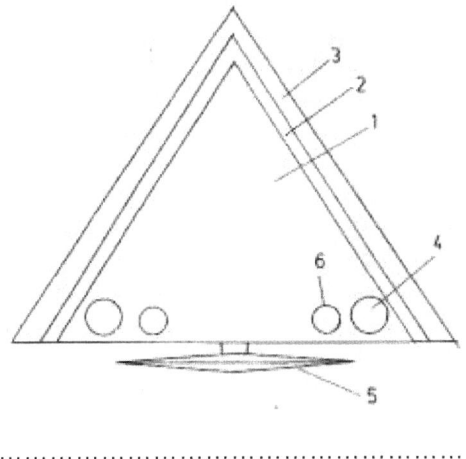

....

   Pues no serán inventos muy exitosos, pero imaginación no se puede decir que le falte al Sr. Porras.

   En fin, otro caso interesante de "*pensar a lo grande*" es el que ejemplifica la siguiente patente.

Cortinas apagafuegos para rascacielos de planta uniforme

APPARATUS FOR EXTINGUISHING FIRES IN HIGH RISE BLOCK
BUILDINGS OF UNIFORM TRANSVERSE CROSS-SECTION OR PLAN
Inventor: Arthur Paul Pedrick
GB1453920 A
27-10-1976

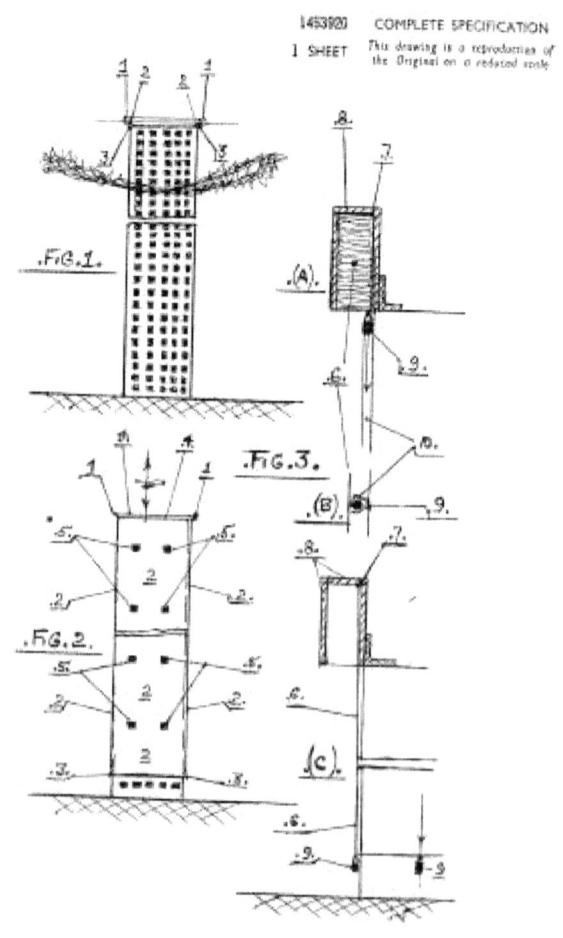

"La invención reside simplemente en disponer, a nivel del techo, unas cortinas apagafuegos enrolladas o dobladas que pueden ser extendidas, ya sea de forma automática, o mediante un interruptor termosensible, o por control manual, envolviendo los lados del edificio y extinguiendo el fuego por asfixia, o impidiendo que el aire o el oxígeno del aire lleguen a él.

Tal medio de extinción de un incendio en un edificio también pueden asfixiar a todos sus ocupantes. Para evitar esto, existen una serie de aberturas en las cortinas que permiten la entrada de aire a ciertas habitaciones o espacios del edificio al que todos los ocupantes del edificio deben ir en caso de declararse un incendio.

En los dibujos adjuntos, la Figura 1 se supone que debe mostrar un edificio de gran altura donde se ha iniciado un fuego en lo alto de su estructura y la Figura 2 muestra el edificio con las cortinas apagafuego desenrolladas".

....

Curioso sistema anti-incendios. En fin, corramos "un (es)túpido velo".

Aunque para método eficaz para apagar fuegos, el que presenta el Sr. Arrue Astiazaran, otro inventor hispano, que nos propone apagar los incendios, nada más y nada menos que usando botellas de agua.

Extintor de fuego perfeccionado

Inventor: Martin Arrue Astiazaran
ES0015857 U
02-10-1947

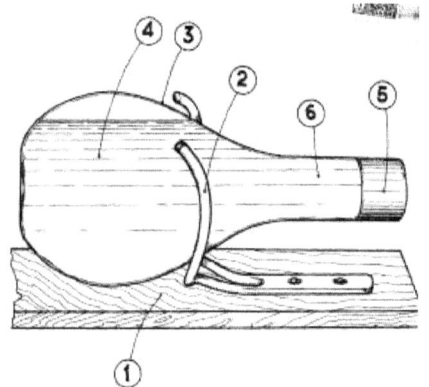

"El presente invento tiene por objeto un extintor perfeccionado, por medio del cual se consigue apagar un fuego casi instantáneamente, sin los daños causados por agua o espuma, que presentan los aparatos extintores de otros tipos. En el dibujo adjunto se representa un extintor según la invención. Sobre una tabla (1) provista de una horquilla metálica (2), se dispone en posición horizontal un recipiente (3) de cristal en forma de pera, conteniendo el líquido especial (4), cuya salida impide un cierre hermético de goma, corcho u otro material adecuado (5).

El extintor según este invento, tiene la gran ventaja de que el manejo es fácil y rapidísimo, evitando el tener que exponerse durante la extinción del fuego, al gran calor y a los gases de combustión, producidos por el incendio, como ocurre con el manejo de los aparatos de otros tipos.

Al proyectar el recipiente entero, con fuerza y rapidez, contra el objeto en llamas, el líquido contenido en el recipiente de cristal se derrama y, por su composición especial de diversas sales disueltas en agua, estas producen gases nitrogenados de gran poder extintor.

Para utilizar dicho extintor, se coge el recipiente, por su cuello (6), con la mano, proyectándolo entero, tal y como está descansando en su horquilla, con suficiente fuerza sobre el objeto en llamas, rompiéndose así dicho recipiente de cristal y derramándose el líquido sobre el objeto inflamado, produciendo una extinción instantánea del fuego".

. . . .

Y para cuando no se disponga de ninguno de estos ingenios, siempre puedes ganar tiempo, hasta que llegue ayuda externa, usando el siguiente invento.

Dispositivo y método para respirar aire "*fresco*"

FRESH-AIR BREATHING DEVICE AND METHOD
Inventor: William O. Holmes
US4320756 A
23-03-1982

"La reciente ola de incendios en hoteles de gran altura, y las muertes ocasionadas por estos, ha dado lugar a la necesidad de disponer de un dispositivo de respiración y un procedimiento para el suministro de aire a los huéspedes del hotel hasta que puedan ser rescatados. El dispositivo y el método de esta invención consiste en un tubo de respiración que se inserta a través de la trampa de agua de un inodoro hasta exponer un extremo abierto al aire fresco de un tubo de ventilación conectado a la línea de desagüe del inodoro, lo que permite al usuario respirar aire fresco a través del tubo. El usuario puede entonces proceder a respirar aire fresco hasta ser rescatado".

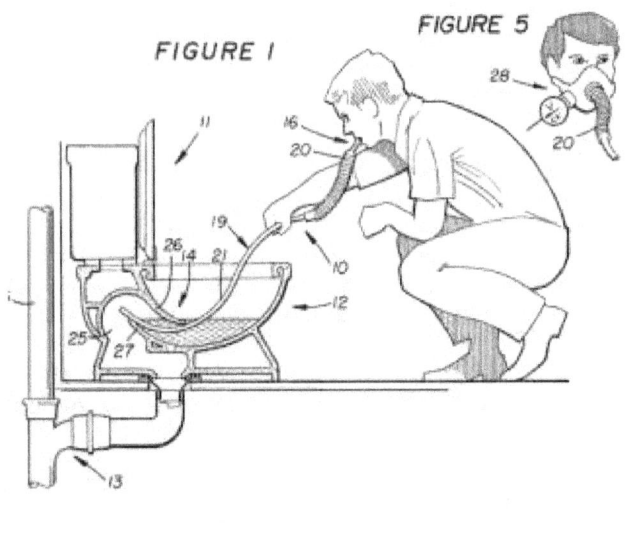

FIGURE 1

FIGURE 5

....

Pues, si no te mueres de asco, es posible que salves la vida.

Pero volvamos con Mr. Pedrick que, en realidad, antes de inventor era examinador de patentes en la oficina de patentes de Londres y, muy posiblemente, un abuelete cachondo; ya que después de jubilarse comenzó a solicitar (y a obtener) patentes que se caracterizaban por su imposibilidad de ser aplicadas. Sin embargo, usando su experiencia como examinador de patentes conseguía que muchas de estas ideas descabelladas reuniesen los requisitos necesarios para ser patentadas. Así, además de la anterior, otras patentes célebres del Sr. Pedrick son:

ARRANGEMENTS FOR THE TRANSFER OF FRESH WATER FROM ONE LOCATION ON THE EARTH'S SURFACE TO ANOTHER AT A DIFFERENT LATITUDE, FOR THE PURPOSE OF IRRIGATION, WITH PUMPING ENERGY DERIVED FROM THE EFFECT OF THE EARTH'S ROTATION ABOUT THE POLAR AXIS. GB1047735. Se trata de una tubería de nieve y bolas de hielo que desde la Antártida llegaría al desierto australiano. La patente sugiere que esto va a resolver el problema del hambre mundial. Las bolas de nieve aceleran por gravedad a partir de los 3000 metros de altura en la meseta antártica, llegando a 800 km/h a nivel del mar. A continuación la fuerza de Coriolis debida a la rotación de la Tierra las bombea y empuja a través de las tuberías.

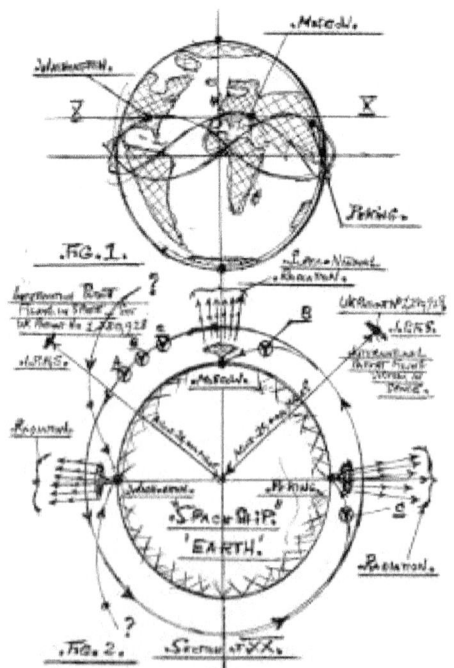

EARTH ORBITAL BOMBS AS NUCLEAR DETERENTS. GB1361962. La disuasión final de Pedrick para resolver la Guerra Fría. La ONU colocaría tres bombas nucleares en otros tantos satélites que orbitan la Tierra. Si éstos detectan que una de las superpotencias ha sido bombardeada por alguna de las otras, las bombas están automáticamente programado para caer en Washington, Moscú y Pekín, lo que se garantiza la mutua destrucción de las tres.

TOWER WITH REVOLVING RESTAURANTS AND OTHER AMENITIES. GB1153249. En esta ambiciosa patente Pedrick propone una torre de televisión con un restaurante giratorio en su parte más alta, coronado con un mástil donde se amarran dirigibles, y un globo transparente para la meditación trascendental. El ascensor de pasajeros flota sobre agua bombeada desde un depósito subterráneo. En la torre hay tanques que por gravedad suministran cerveza a la población circundante. Pedrick prevé un sistema mundial de estas torres. "Si uno fuese lo suficientemente rico sería capaz de pasar toda su vida sin pisar la tierra, pasando de una torre a otra en dirigibles equipados con alojamiento para dormir".

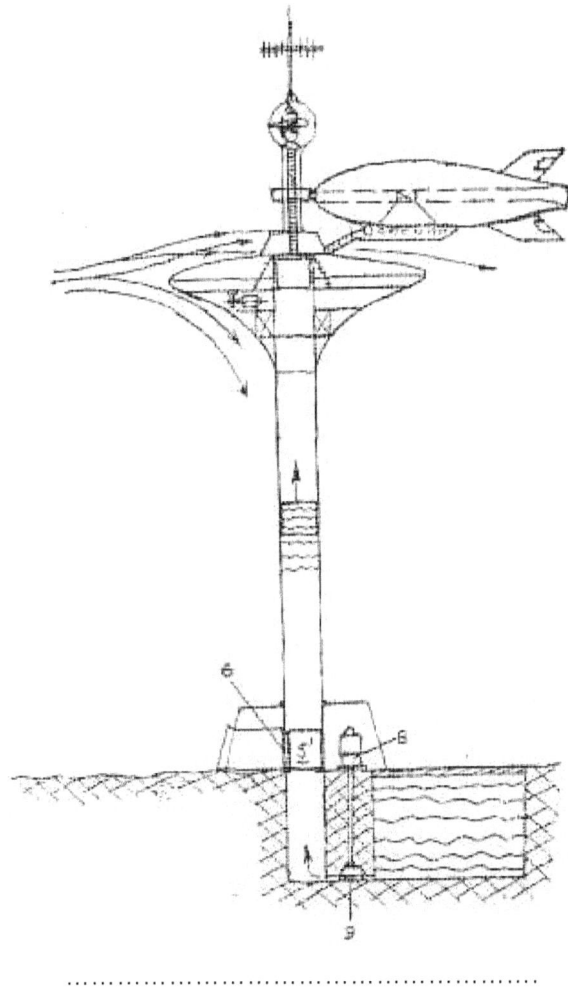

Meditación transcendental y cerveza son también objeto de las dos siguientes patentes.

Saco para dormir y meditar

SLEEPING AND MEDITATION BAG
Inventor: John Driscoll
US4330889 A
25-05-1992

"La presente invención se refiere a una bolsa o saco que puede ser utilizado tanto en una posición sentada, durante actividades tales como la meditación, y en una posición reclinada o tumbada, para actividades tales como el dormir. En el pasado, ha habido un número de patentes sobre sacos de dormir, sin embargo, no permiten al usuario sentarse en una posición de meditación".

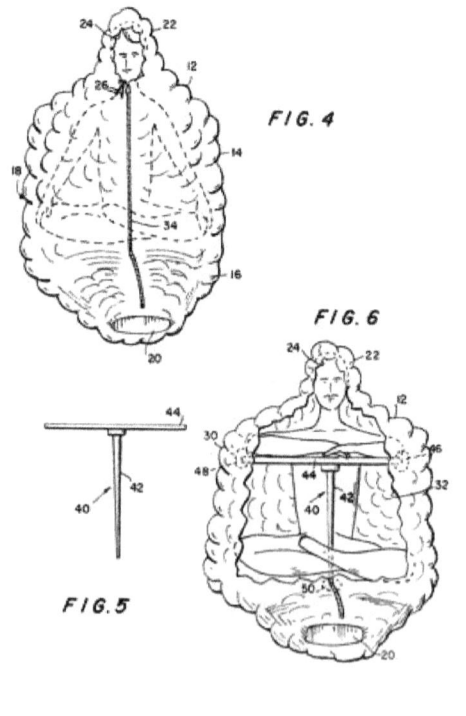

Impresionante, ¿no? Pues vamos con la de la cerveza.

"Cerbrilla", la cerveza con sombrilla

BEERBRELLA
Inventores: Mason Schott McMullin, Robert Platt Bell, Mark Andrew See
US6637447 B2
28-10-2003

"Existen diversos accesorios para su uso con envases de bebidas, ya sean cristales, latas o botellas, y en particular con las bebidas alcohólicas. Muchos de estos accesorios proporcionan diversión, novedad, así como efectos prácticos, como un aumento de aislamiento para mantener fría una bebida. Muchos de estos accesorios se venden o regalan como artículos promocionales para fines publicitarios.

Un problema con estos dispositivos es que, a pesar de que proporcionan aislamiento para bebidas, no protegen la bebida de los rayos directos del sol. Una bebida expuesta al sol, aunque esté aislada o enfriada con hielo, se calienta rápidamente debido a los efectos de la radiación infrarroja del sol, sobre todo en días de verano calurosos y soleados.

La presente invención proporciona una pequeña sombrilla ("Beerbrella") que puede unirse y separarse a un recipiente de bebida para dar sombra y proteger el envase de los rayos directos del sol. El aparato de la presente invención tiene aplicación particular para su uso en lugares soleados (por ejemplo, junto a la piscina, bares al aire libre, y similares). Además, el aparato de la presente invención también se puede usar para evitar que la lluvia u otra precipitación caiga sobre la bebida".

....

Simple y efectivo. Como el siguiente invento que también está pensado para el sol, aunque al contrario de la sombrilla este sólo funciona cuando se expone al sol.

Un reloj de sol de bolsillo

Patente de introducción a favor de: Luis Campderá Sala
ES0152517 A3
01-03-1943

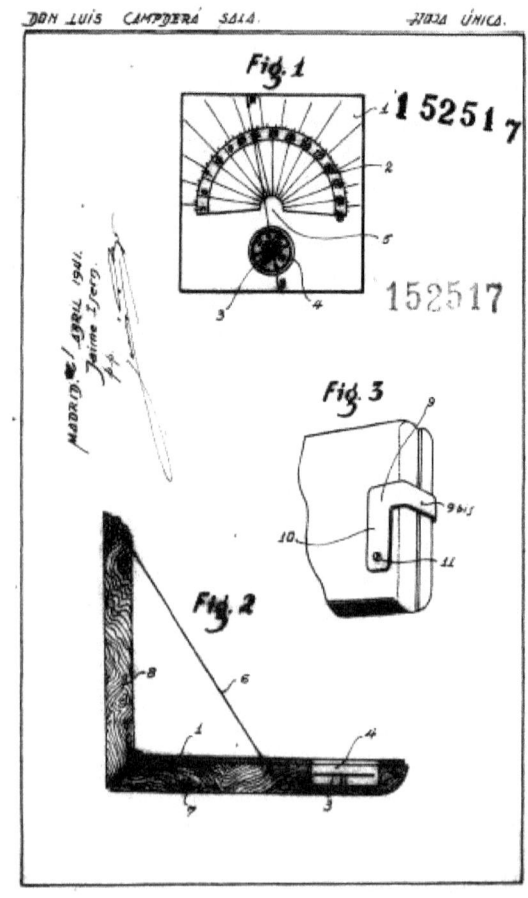

"La helioterapia, la costumbre de la permanencia durante largas horas en las playas y otras prácticas similares que están corrientemente en uso, han traído como consecuencia que el público se haya dado cuenta de que no puede estar, a la voluntad de cada cual, el tiempo de permanencia al sol o en diversiones expuestas a sus efectos; este tiempo tiene una duración determinada, según la constitución física de cada individuo, y los médicos hacen las advertencias convenientes a este importante extremo. Es pues indispensable en estos casos el uso del reloj y consultarlo con relativa frecuencia; pero los relojes corrientes son demasiados delicados para estar expuestos a los golpes, partículas de arena o a la humedad de la playa, resultando que, en definitiva, no podría saberse exactamente el tiempo de permanencia marcado.

En el extranjero se usan, a este efecto, relojes de sol que son muy adecuados para estos casos, toda vez que carecen de mecanismo que pueda ser averiado. Requieren, sin embargo, que no se conviertan en un estorbo por su volumen y disposición; a este fin, se han construido varios modelos, entre los que el peticionario ha encontrado uno que reúne todas las buenas condiciones deseadas, y el cual lo hace objeto de la presente patente de introducción.

Consiste el invento en un reloj de sol de bolsillo que esencialmente consiste en un estuche formado por dos piezas planas de cualquier tamaño y forma, por ejemplo redonda o poligonal, construidas de madera, bakelita, pasta, metal o de cualquier otro material adecuado y articuladas mediante una bisagra dotada de un muelle expansivo, cuyo esfuerzo tiende a abrir constantemente las dos tapas del estuche (que no llega a realizarlo en toda su amplitud porque se lo impide un cordón o hilo de seda, o de cualquier otra materia fuerte y flexible, que detiene la apertura cuando el diedro que se forma llega a los 90°; en cuyo momento queda tenso el mencionado hilo, sirviendo así de gnomon a un cuadrante solar en el cual van dibujados o grabados los meridianos según las leyes de la gnomónica)".

....

Resulta interesante el hecho de que se trate de una patente de introducción, que no de invención. Es decir, una patente que se otorgó para explotar en exclusiva el artilugio en España al no existir aquí nada similar (cosa que no es de extrañar). O sea, un permiso para copiar un invento de otro y encima con exclusividad. Vamos, algo así como una patente de corso para piratear invenciones. Claro que este invento precisamente no debió resultar muy exitoso. Una pena desconocer de donde procede la invención.

En España, las patentes de introducción fueron suprimidas en 1986 (Ley 11/1986, de 20 de marzo, de Patentes.). "Se suprimen las patentes de introducción por considerarse una figura anacrónica, que no está demostrado contribuyan eficazmente al desarrollo tecnológico español, y que son totalmente incompatibles con la regulación de patentes en el derecho europeo".

El siguiente invento también es de introducción, aunque no en el mismo sentido. Este es más bien para introducirlo… en la boca.

Mondadientes con un extremo doblado y respectivo estuche de bolsillo

Inventora: María Inerte
ES0245998 U
01-07-1980

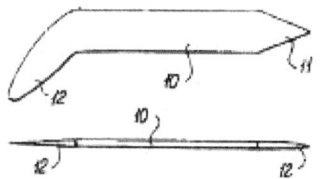

"Son conocidos los mondadientes, generalmente de madera o de material plástico, que poseen una sección redonda, cuadrada o plana, realizados con los dos extremos especularmente iguales, respecto a un plano perpendicular al único eje de simetría longitudinal. Algunos de estos mondadientes son mayormente aceptados porque están provistos de una punta afilada, otros porque tienen la punta redondeada. En el mondadientes, según el presente invento, están reunidas las ventajas de unos y otros, a lo cual se agrega la innovación que consiste en un extremo doblado de manera que el mondadientes resulte de forma asimétrica, con un extremo preferentemente a punta y el otro preferentemente arredondeado más con un espesor de hoja de cuchillo.

La sección transversal puede ser rectangular con aristas vivas o achaflanadas; ésta se mantiene de un espesor constante hacia la punta aguda mientras disminuye gradualmente hacia el extremo doblado resultando una afiladura que favorece el pasaje por el espacio interdental. Las ventajas que se encuentran en el uso del presente invento son numerosas. La parte doblada o inclinada consiente alcanzar fácilmente todos los intersticios dentales, obteniendo una mejor limpieza de la cavidad oral, con un movimiento compuesto de la persona que lo usa. El extremo más redondeado está destinado a los espacios interdentales, mientras el extremo agudo de la parte opuesta, que tiene una sección transversal de un ancho constante, es más útil cerca de la raíz de los dientes o sobre las superficies de masticación".

....

Redondo y plano a la vez y multiusos; que lo mismo te sirve para limpiarte los dientes que para pinchar la tortilla que se puede hacer con el siguiente invento.

Plato volteador de tortilla española

Inventor: Manuel Castro Romero
ES1019765 U
01-05-1992

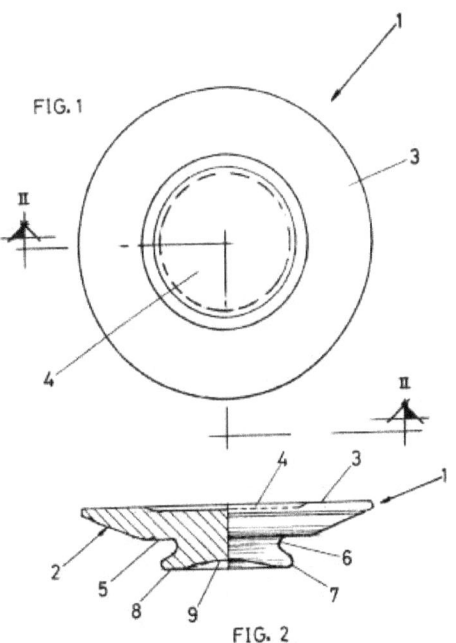

FIG. 1

FIG. 2

"Normalmente, los platos utilizados como elementos de una vajilla para hacer una tortilla española, y que concretamente se usan para voltear, no reúnen las características constructivas necesarias para efectuar un buen volteo. Principalmente porque no se pueden coger con facilidad y se requiere una gran pericia para efectuar el volteo de la tortilla, juntamente con la sartén. Este inconveniente se acentúa teniendo en cuenta que es muy fácil quemarse con la sartén ya que la mano está muy próxima a la misma, con los platos normalmente utilizados.

Para subsanar estos inconvenientes, alguno de los cuales constituye un problema, se ha diseñado el plato de la invención de fácil realización constructiva que presenta una zona inferior saliente conformada para facilitar el asido del plato".

....

¡Y pensar que hasta 1992 no se hubiesen inventado las tapas de las cacerolas! Bueno, es un invento simple, pero ingenioso.

Ingenioso, aunque no tan simple, es este precursor del lavavajillas.

Mejoras en la construcción de dispositivos para fregar vajilla y análogos

Inventor: Enrique Martínez Llorca
ES0228981 A1
01-09-1956

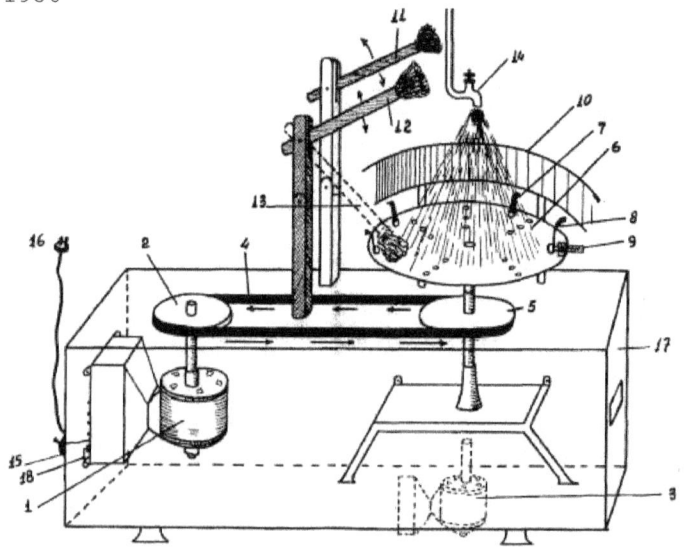

"Mejoras en la construcción de dispositivos para fregar vajillas y análogos, caracterizadas porque el dispositivo comprende: un disco giratorio, en el que se colocan los objetos a fregar, provisto de sujetadores para los mismos, fijos o de posición regulable; un motor eléctrico, acoplado directamente al eje del disco o que le mueve mediante transmisión de correa; unas escobillas, montadas giratorias en los extremos de soportes verticales, dispuestos perpendicularmente a la armadura del conjunto; y una pantalla cilíndrica, que protege de las salpicaduras del agua todo o parte del contorno del disco".

....

Un poco aparatoso el friegaplatos. Aunque para solucionar la falta de espacio es para lo que ha sido concebido el siguiente invento.

Muebles más ligeros que el aire

LIGHTER-THAN-AIR-FURNITURE
Inventor: William A. Calderwood
US4888836 A
26-12-1989

"Se describen un tipo de mobiliario que pueden estar en una posición de reposo en el suelo o en un una posición de levitación. El mobiliario incluye una cámara que está conformada para permanecer estable cuando se coloca en el suelo y que puede soportar una persona. La cámara contiene una sustancia gaseosa más ligera que el aire, como el helio. La sustancia

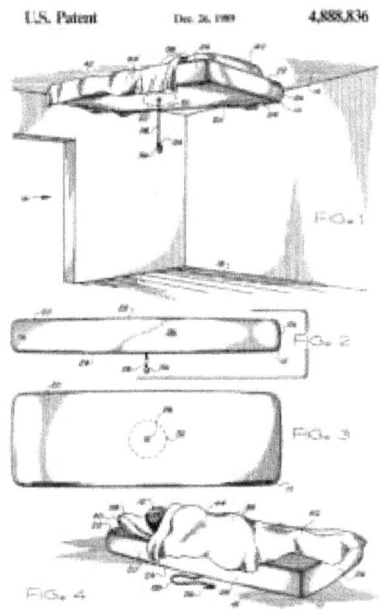

gaseosa opera en conjunción con la cámara para definir la forma del mueble. La cámara está dimensionada para contener una cantidad suficiente de la sustancia gaseosa, de manera que puede flotar en la atmósfera, lo que provoca que se eleve hasta el techo de la habitación cuando el mobiliario no se está usando. El mobiliario incluye, además, una correa de sujeción fijada a la superficie inferior del mismo. El mobiliario levitado se traslada de esta posición fuera de uso, a una posición en uso sobre el suelo de la habitación agarrando la cuerda y tirando del mueble hacia abajo. El mobiliario puede entonces apoyarse en el suelo de la sala y usarse para apoyar un cuerpo, de una manera convencional, como cualquier otro mueble".

....

¿Vives en un apartamento pequeño donde apenas tienes espacio para nada? ¡Problema resuelto! Y si además tienes niños pequeños, incluso puedes ahorrarte el comprarles un globo en la feria. ¡Lo que van a fardar ellos con su sofá-globo!, en vez del vulgar globito de colores.

Pero hay patentes para todo y en el extremo opuesto a las camas de helio tenemos las camas acorazadas antibalas. Sí, sí, has leído bien, son camas, no cámaras.

Cama a prueba de balas

UNIT PROTECTIVE BED
Inventor: Jeffrey L. Walling
US7137881 B2
21-11-2006

"La cama protectora incluye un escudo hecho con un material a prueba de balas y resistente a los impactos, que rodea un marco metálico. El escudo puede separarse para proporcionar acceso al área de descanso interior. A ambos lados de la cama existen puertas de acceso rápido. Un sistema de ventilación proporciona climatización y filtrado de sustancias nocivas del aire. Un filtro que elimina el dióxido de carbono del aire dentro de la unidad haciendo que el aire sea re-respirable y permitiendo al usuario aislar la unidad del aire exterior

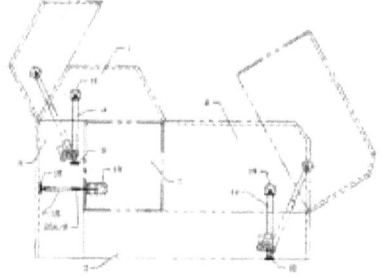 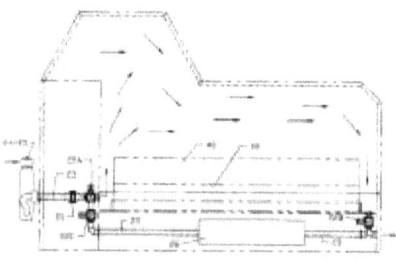

Un objeto de la invención es proporcionar un alto nivel de seguridad, que incluye una barrera de protección entre un intruso o entorno peligroso y un usuario. Otro objeto de la invención es proporcionar seguridad de alto nivel durante los períodos de sueño. La unidad podría estar equipado con varios sensores para alertar a un usuario cuando un intruso ha entrado en la vivienda del usuario. Un objeto adicional de la invención es proporcionar una unidad que incluye un material de blindaje a prueba de balas para la protección de un ocupante. El material de blindaje es tal que puede resistir el impacto de objetos grandes como mazas de demolición y similares. Un objeto adicional de la invención es para crear un entorno de aislamiento que permite al usuario protegerse de sustancias nocivas en el aire (como la transferencia de un virus contagioso). Otro objeto de la invención es proporcionar un área segura que permite a un usuario ver el exterior al mismo tiempo que impide que nadie pueda ver el interior de la unidad. Es otro objeto de la invención proporcionar protección contra ataques terroristas o biológicos con agentes nocivos como ántrax. La unidad incluye un sistema de seguridad para la detección de intrusos. El blindaje, a prueba de balas, protege al ocupante de armas de destrucción masiva incluyendo la guerra biológica y química. La unidad puede funcionar como una caja de seguridad o refugio antiaéreo. Puede ser usada para prevenir secuestros, o proteger al ocupante de desastres naturales como tornados, huracanes, terremotos e inundaciones".

....

¡Impresiona eh! Pues también tenemos la cama refugio para tornados y huracanes.

SHELTER BED
Inventor: Roy W. Wicker, Jr.
S4490864 A
01-01-1985

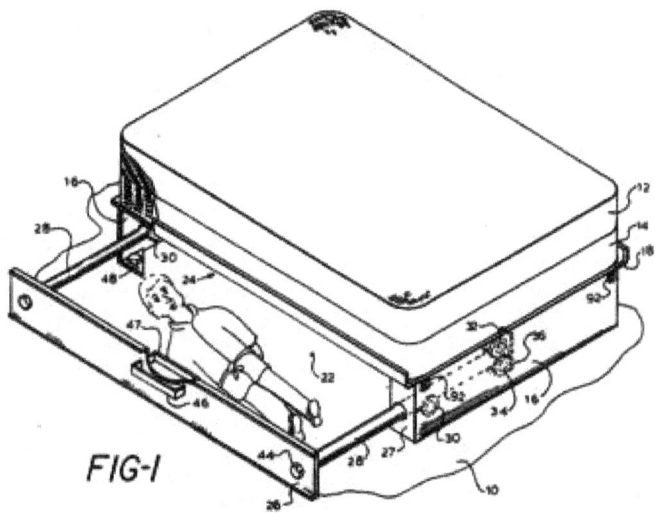

FIG-I

Pero si eres de los que les cuesta adaptarse a camas ajenas, lo mejor es que viajes con la tuya.

Cama-maleta: una nueva forma de viajar

Inventora: María Dolores Álvarez Elipe
ES2311330 A1
01-09-2009

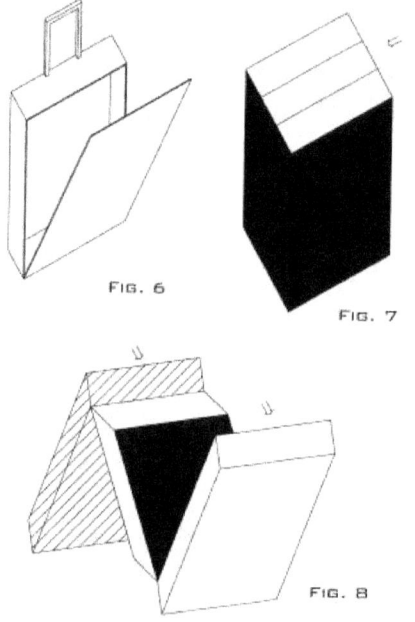

FIG. 6

FIG. 7

FIG. 8

"La estructura interna serán somieres, que sirvan a la hora de dormir, todo ello forrado con su correspondiente cerramiento dejando en el lado en el que no hay somier la apertura de los diversos apartados de la maleta. Constaría de tres módulos de 45 x 60 x 15 (susceptibles de modificaciones) unidos entre sí por bisagras para poder producir el giro. Así mismo, uno de los módulos llevaría incorporados el asa y las ruedas, semejante a cualquier maleta actual. Cada módulo llevaría una serie de velcros donde se pegaría la superficie acolchada sobre la cual se duerme, y que sirve de acabado cuando llevamos la maleta cerrada, colocándose estos acolchamientos en diferentes lugares según la posición de la maleta, y pudiéndose usar también independientemente dándoles otros usos".

....

Aunque en vez de la maleta-cama, quizá te resulte más interesante el siguiente invento, que te hará dormir como un bebé.

Máquina para dar palmaditas a un bebé

BABY PATTING MACHINE
Inventor: Thomas V. Zelenka
US3552388 A
05-01-1971

"Dispositivo para que un bebé se duerma por medio de palmaditas periódicas sobre el trasero o espalda del bebé. Dispositivo que comprende un soporte para apoyar un motor que con una polea mueve un eje que sirve de soporte a un brazo con un almohadilla suave en un extremo que acaricia al bebé".

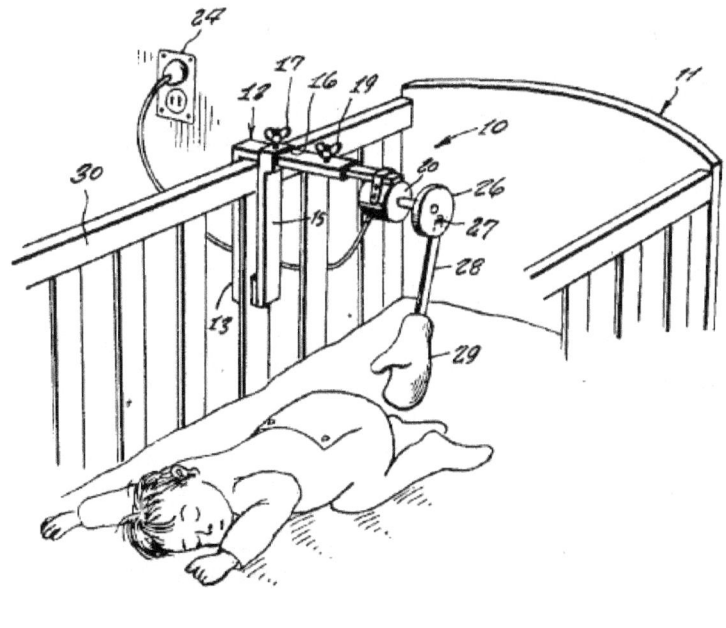

....

¡Menudo invento eh! Ahora que, una cosa te digo, yo no te lo recomiendo. Hay un peligro real de que bebés criados con este invento quieran de mayores probar el que viene a continuación.

Aparato de entretenimiento para auto-patearse el culo

USER-OPERATED AMUSEMENT APPARATUS FOR KICKING THE USER'S BUTTOCKS
Inventor: Joe W. Armstrong
US6293874 B1
25-09-2001

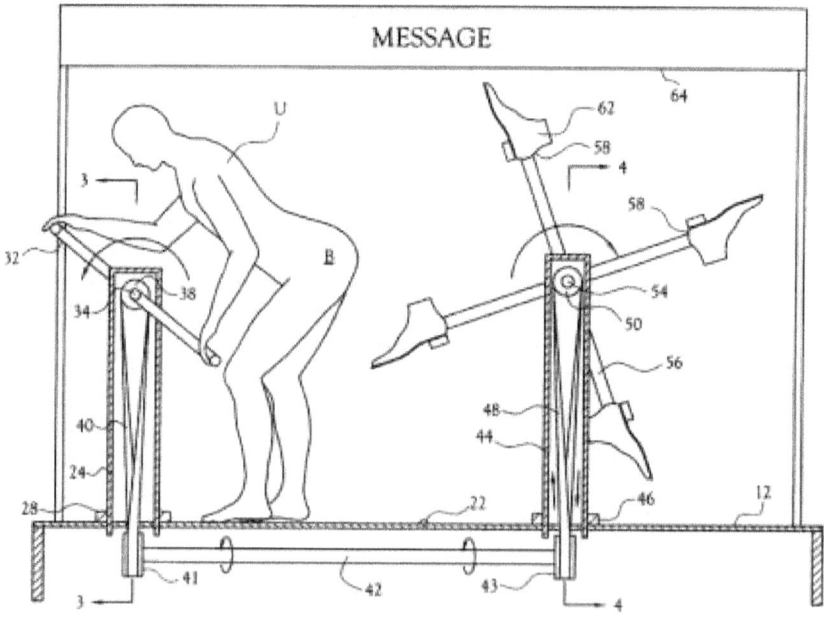

"Un aparato para entretenimiento que incluye un dispositivo, controlado y operado por el usuario, para la auto-imposición de golpes repetitivos en las nalgas por varios brazos alargados que llevan extensiones flexibles, que giran bajo el control del usuario. El aparato incluye una plataforma plegable por su sección media y postes verticales montados sobre la misma. El primer poste está dotado de una manivela, colocada a una altura sobre el mismo, que requiere que el usuario se incline hacia adelante mientras sujeta la manivela con ambas manos, para presentar de forma prominente sus nalgas hacia el segundo poste. El segundo poste está provisto de varios brazos giratorios, montados sobre un eje central, situados a una altura a nivel de las nalgas del usuario. Los brazos son impulsados por el movimiento de la manivela, que está conectado por un tren de accionamiento a un eje central. A medida que el usuario gira la manivela, las nalgas del usuario son pateadas por los zapatos flexibles situados en cada extremo exterior de los brazos giratorios para proporcionar diversión para el usuario y los espectadores. El aparato de diversiones es plegable en un paquete independiente para el almacenamiento o envío".

....

A lo que parece en la figura este es un *"masaje"* con *"mensaje"*. Y es que *"Hay gente pa tó"*, que dijo Rafael Guerra, *"Gerrita"*. Porque ¡ojo! que esta no es la única patente para *"auto-patearse"* el culo.

MANUALLY SELF-OPERATED BUTT-KICKING MACHINE
Inventor: Leavitt J Reese
US20060094518 A1
04-05-2006

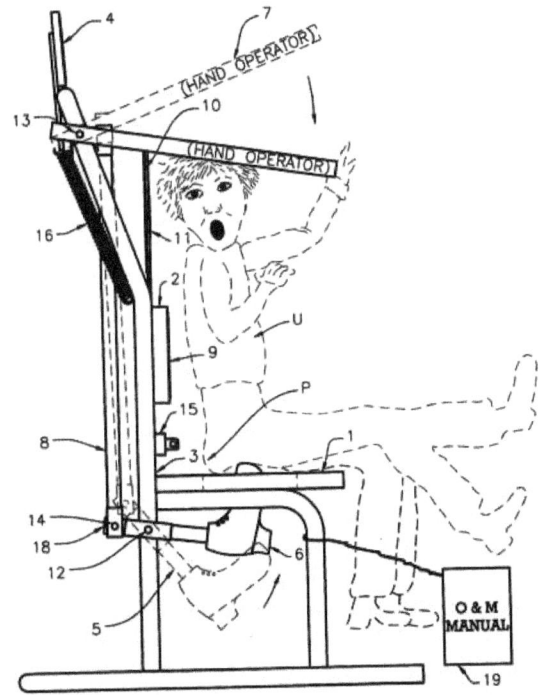

En fin, otro curioso invento que también tiene que ver con el uso que se le da al calzado es el siguiente.

Calzado con talón y puntera invertidos

FOOTWEAR WITH HEEL AND TOE POSITIONS REVERSED
Inventor: Cecil Slemp
US3823494 A
16-07-1974

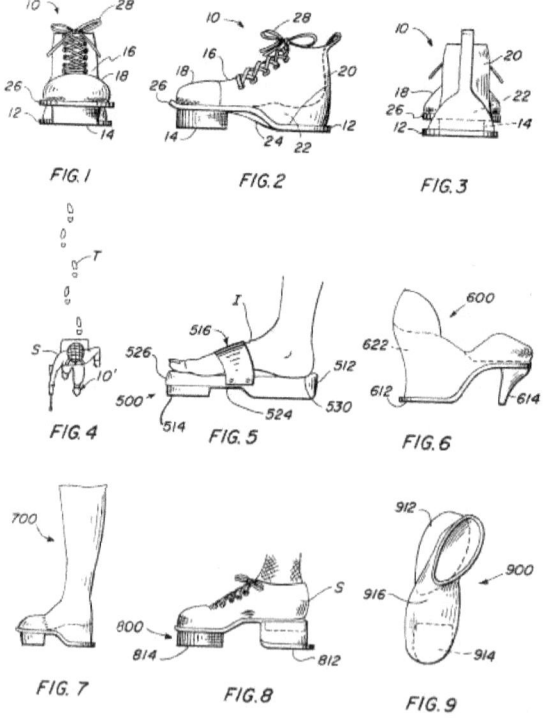

FIG. 1 FIG. 2 FIG. 3 FIG. 4 FIG. 5 FIG. 6 FIG. 7 FIG. 8 FIG. 9

"El tipo de calzado que actualmente utiliza el ejército (botas, zapatos, sandalias, etc.) deja una huella que indica al enemigo la dirección en la que el soldado se está moviendo. La presente invención proporciona un nuevo tipo de zapato y sandalia diseñado para dejar una huella que indique al enemigo que el soldado se está moviendo en la dirección inversa a su verdadero movimiento. Tal calzado puede ser particularmente útil en condiciones de combate, en patrulla o en cualquier misión secreta que requiera confundir al enemigo. En caso de que el enemigo descubriese la argucia, la eficacia no disminuiría, porque el mero conocimiento de la existencia de dicho calzado generaría la duda de si se está usando o no y, por tanto la duda, en cuanto a la dirección del movimiento".

....

Dice una leyenda urbana que los usuarios del invento son conocidos, entre la tropa, con el sobrenombre de "*el comando gallego*"; por aquello de que no se sabe si van o vienen.

En la misma línea también tenemos el automóvil que no se sabe si va o viene.

AUTOMOBILE BODY HAVING PIVOTED END SECTIONS
Inventor: Clement Alamagny, Marcel Antoin
US2656214 A
05-10-1953

Y para misiones acuáticas los zapatos flotadores.

ZAPATOS FLOTADORES
Solicitante: Yuti, S.A.
ES0197558 U
16-04-1975

Unos zapatos con los que nunca vas a "*meter la pata*"

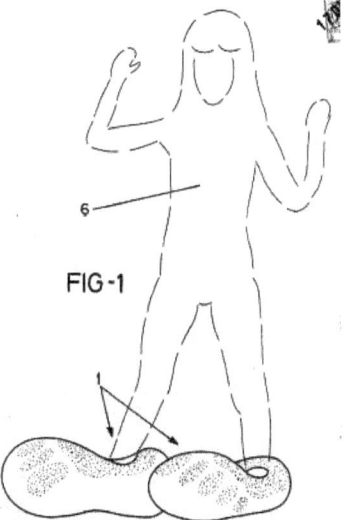

FIG-1

Otro que no falla nunca es el siguiente invento.

Bandera de ondeo fijo y forzado

Inventor: Francisco José López Abia
ES1067892 U
10-07-2008

"La presente invención se refiere a una bandera de material rígido o semirrígido, preferiblemente, y blando si el material lo permite. Concebida para aquellos lugares por los que por la razón que sea: o no están muy vigilados y son propensos al robo de la bandera, o están expuestos a una climatología que deteriora el color y el material de las tradicionales banderas de tela. Igualmente está concebida para lugares con ausencia de viento o días sin viento, pues al ser rígida siempre está ondeando".

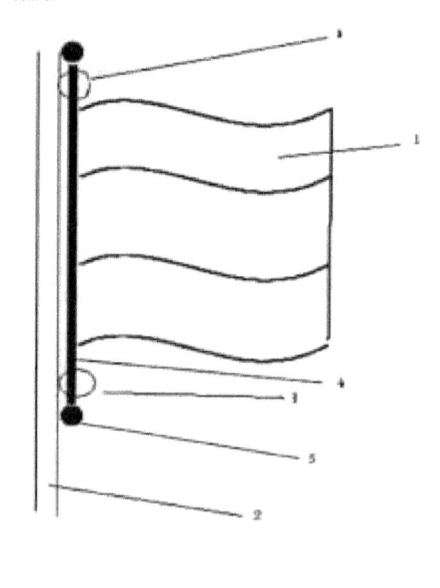

FIG. 1.

· ·

Una bandera que no necesita viento para ondear. Como tampoco son necesarios los amigos para celebrar los logros de tu equipo favorito. Al menos, eso es lo que propone el siguiente invento.

Aparato para "chocar los 5"

APPARATUS FOR SIMULATING A "HIGH FIVE"
Inventor: Albert Cohen
US5356330 A
10-10-1994

"Durante un evento deportivo televisado, un "choca esos cinco" es comúnmente compartidos entre los aficionados para expresar la alegría y la emoción de un touchdown, home run, juego ganador, canasta, birdie o acontecimiento positivo. Por desgracia, un "choca esos cinco" requiere la palmada mutua de dos participantes, en el que un primer participante palmea con una mano levantada contra otra mano elevada por un segundo participante. Como tal, un aficionado solitario no puede realizar un "choca esos cinco" para expresar su emoción durante un evento deportivo televisado. Con el fin de evitar los inconvenientes de la técnica anterior, la presente invención proporciona una configuración pivotable mano-brazo automatizada para la simulación de un "choca esos cinco" cuando es golpeado por la mano de un usuario."

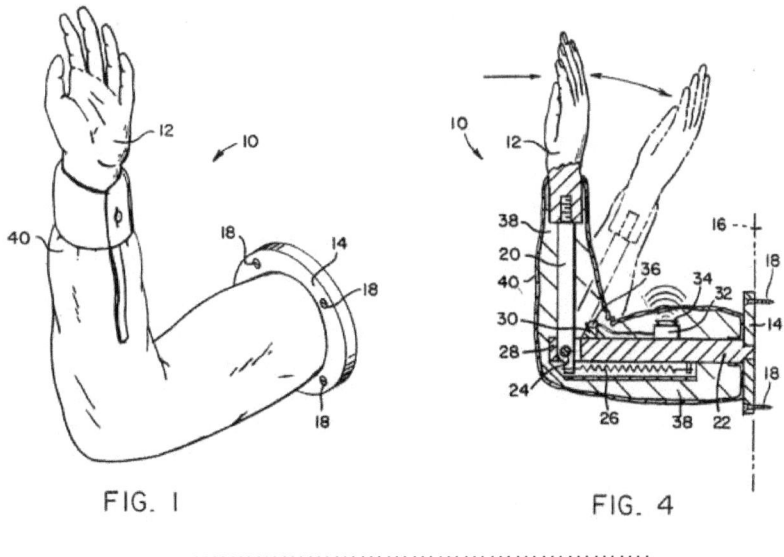

FIG. 1   FIG. 4

Pero tú no eres un solitario. Al contrario, tu problema es que siempre estás con tus dos amigos y lo que os gusta es jugar al ajedrez. Pues no hay problema.

Nuevo juego de analogía en el ajedrez a practicar por tres personas

Inventor: Jorge López de Medina
ES0231276 U
01-12-1977

"Este conjunto, viene a constituir el dispositivo que permite llevar a la práctica una nueva concepción del juego de ajedrez, cuya característica fundamental radica en permitir la participación de tres personas, jugando independientemente cada una de ellas".

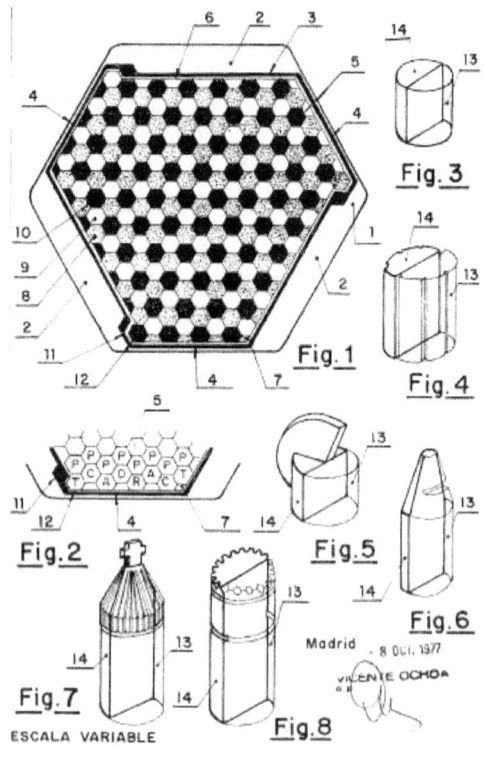

Un ajedrez en escala de grises; no como el invento a todo color ¡y sonido! que viene a continuación.

Gafas básicas horizontales para daltónicos

Inventor: Arsenio Sánchez Pérez
ES1027433 U
01-08-1994

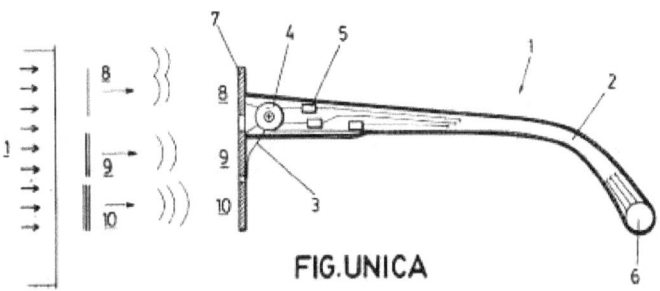

FIG.UNICA

"Las gafas básicas horizontales para daltónicos objeto de la invención, están constituidas a partir de la armadura de unas gafas que, aparentemente, presentan la configuración externa similar a unas gafas convencionales, gafas que están dotadas en una de sus patillas de una batería, tal y como puede ser una pila de litio, conectada por un lado a tres monovibradores de intensidad filtrada destinados a ponerse en funcionamiento a tenor de la visualización de un color azul, verde o rojo, respectivamente, poniendo en funcionamiento un multivibrador situado en el extremo de la patilla portadora de los distintos mecanismos o dispositivos citados anteriormente, el cual emitirá un sonido perfectamente identificado a tenor de la actuación de cada uno de los monovibradores de intensidad filtrada que se ponen en funcionamiento como consecuencia del color detectado, informando acústicamente al usuario del color visualizado o evitando cualquier error en su identificación por tono musical, aisladamente sucesiva o simultánea según casos y necesidades. Las notas que emitirá el multivibrador serán notas de la escala musical perfectamente identificables por un usuario desconocedor de la música, tal y como puede ser Do sostenido, Mi sostenido y Sol sostenido".

....

- ¿Por qué lo hizo?
- Oía ruidos en mi cabeza.

Si estas son las gafas básicas ¿cómo serán las complicadas? Bueno, por lo menos no son verticales.

En el ranking de invenciones estúpidas que, supuestamente, pretenden ayudar a los daltónicos, esta, según mi modesta opinión de daltónico, ocuparía un puesto destacado.

Otras gafas igual de raras, pero mucho más útiles para no perder detalle de lo que sucede a tu espalda, son estas gafas con retrovisor.

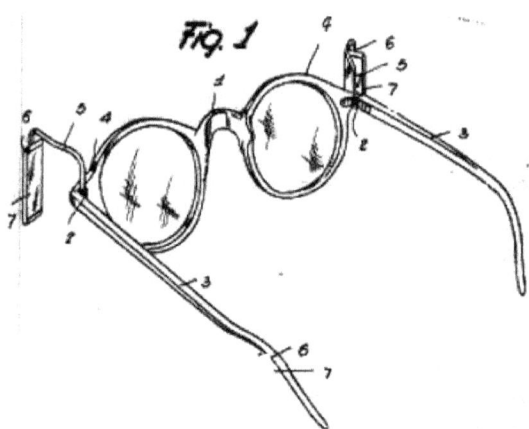

GAFAS CON RETROVISOR
Invento: Gabriel Breto Nolla
ES0055576 U
26-07-1956

Y si quieres pintarte los ojos pero no ves muy bien de cerca, o eres un cíclope hipermétrope, tienes las gafas para un solo ojo.

MONTURA DE GAFAS PARA UN SOLO OJO
Inventora: Ángela Martínez Gómez
ES1092205 U
30-10-2013

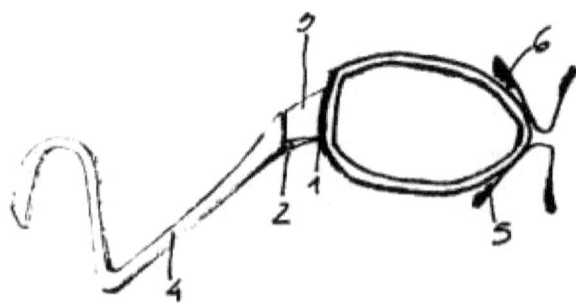

También para acicalamiento personal está pensado el siguiente invento.

Método de ocultar la calvicie parcial

METHOD OF CONCEALING PARTIAL BALDNESS
Inventores: Frank J. Smith, Donald J. Smith
US4022227 A
10-05-1977

"Un método de peinado del cabello para cubrir la calvicie parcial utilizando sólo el pelo de la cabeza de una persona. El peinado del cabello requiere dividir el cabello de una persona en tres secciones y doblar cuidadosamente una sección sobre otra".

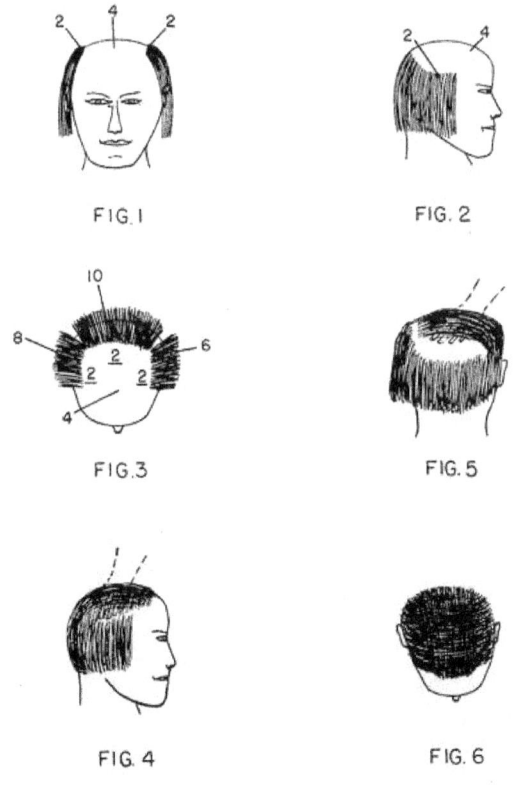

FIG. I

FIG. 2

FIG. 3

FIG. 5

FIG. 4

FIG. 6

....

Un peinado con estilo, digno de Sr. Anasagasti o del mismísimo Berlusconi. Aunque para vestir con estilo, los pantalones objeto de la siguiente patente.

Pantalones con perneras separables para mezclar estilos

PANTS SEPARABLE AT CROTCH FOR STYLE MIXING
Inventor: Andrews Allison
US6161223 A
19-12-2000

"Un pantalón que es fácilmente separable por la entrepierna en porciones de pata derecha e izquierda. Cada porción de pata se selecciona de un conjunto de varios estilos y se une a la otra para crear un estilo propio, combinando estilos diferentes de las porciones emparejadas. Se proporciona un sistema de cierre para la separación rápida y conveniente y re-combinación de las porciones de pata, mientras que también proporciona el uso seguro de los pantalones".

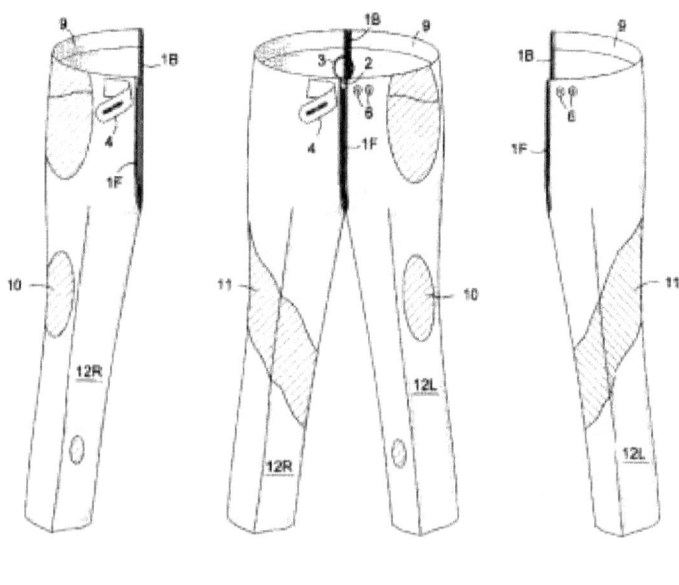

....

¿Qué tal combinar una pernera de un vaquero con otra de un pantalón de franela, o una pernera tipo-campana con otra tipo-pitillo? Bueno, y si al pantalón le añadimos el tocado que nos propone la siguiente patente, entonces ya... ¡el acabose!.

Sombrero metálico ligero

Inventor: Antonio Camps Vidal
ES0037408 U
01-09-1953

"El sombrero objeto de la presente patente de modelo de utilidad tiene como característica fundamental la de ser metálico, confeccionado a base de chapa metálica delgada y flexible, como por ejemplo aluminio, preferiblemente anodizado, o de un entrelazado de tiras metálicas delgadas de análogas características.

Un sombrero de tal composición, ofrece muy notables ventajea sobre lo conocido; viniendo a modificar esencialmente la manara como realizan su función los sombreros ordinarios. En los nuevos sombreros en cuestión, y precisamente por la naturaleza de su material constituyente, tiene lugar una reflexión de rayos luminosos y caloríficos en una relativamente gran proporción respecto de los que inciden, como consecuencia de ello no hay apenas degeneración de rayos luminosos en caloríficos y por tanto la cantidad de calor absorbido por la prenda es muy inferior a la absorbida por los sombreros usuales. A mayor abundamiento, el mínimo calor absorbido es regular y casi instantáneamente distribuido por la masa de todo el sombrero y siendo esta masa muy pequeña y muy grande la superficie de radiación, se establece un rápido equilibrio, que mantiene fresco el sombrero".

....

¿Y en que creías tú que Stanley Kubrick se inspiró para su película "la chaqueta metálica"?

Donde hay poco metal es en la bicicleta que nos propone la siguiente patente.

Bicicleta conectada por el cuerpo

BODY-CONNECTED BIKE
Inventor: Justin W. Trenary
US6805657 B2
19-10-2004

"Los descensos en vehículos representan una actividad deportiva bastante popular. Esto vehículos incluyen bicicletas convencionales, bicicletas especializadas, coches de tres y cuatro ruedas, carritos, patinetas y patines. Cada uno de estos vehículos ofrece varias ventajas para diferentes aplicaciones. Muchas personas buscan nuevos equipos donde probar la rapidez, fuerza y resistencia física.

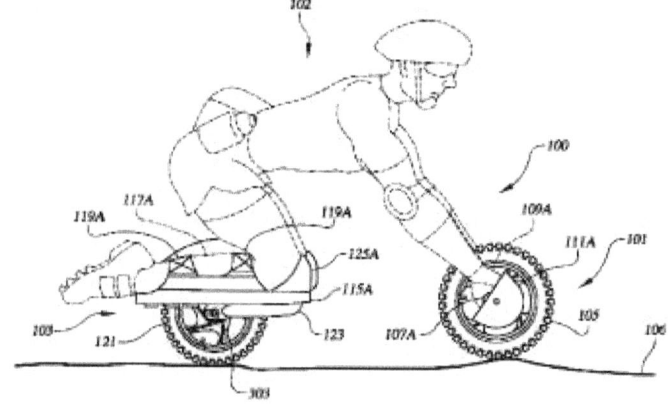

Un objeto de la presente invención es proporcionar una nueva bicicleta conectada por el cuerpo que consta de dos componentes individuales y separados. Otro objeto de la presente invención es proporcionar una bicicleta conectada por el cuerpo que requiere de nuevas habilidades para el descenso y la competición. Todavía otro objeto de la presente invención es proporcionar una bicicleta conectada por el cuerpo con frenos tanto en las ruedas delantera y trasera. Otro objeto de la presente invención es proporcionar una bicicleta conectada por el cuerpo que utiliza una sola rueda delantera y una sola rueda trasera. Todavía otro objeto de la presente invención es proporcionar bicicleta conectada por el cuerpo".

....

Aunque parezca algo moderno, resulta que el uso de bicicletas raras para prácticas raras no es cosa nueva. Véase sino esta patente de 1905.

Bicicleta doble para *"rizar el rizo"*

DOUBLE BICYCLE FOR LOOPING THE LOOP
Inventor: Karl Lange
US790063 A
16-05-1905

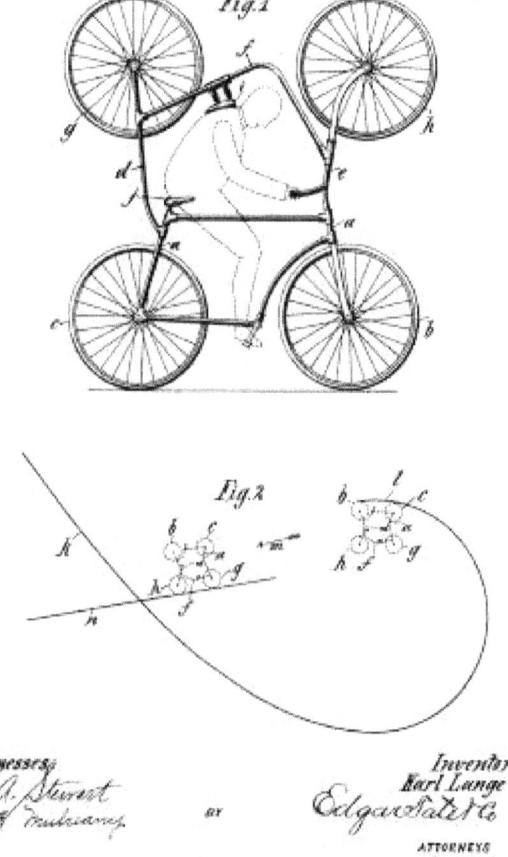

"La presente invención consiste en una bicicleta doble para rizar el rizo en un circo u otras atracciones. El objetivo es proporcionar una bicicleta con la que un bucle abierto podría ser atravesado, esto se consigue dado que cuando el ciclista esta boca abajo las ruedas de la bicicleta doble pueden seguir pegadas a la puesta que queda por encima de la bicicleta".

....

¡Con un par! … de bicicletas unidas, claro.

La siguiente bici rara para hacer cosas raras hay que *"ve'la"*.

Bicicleta a vela

APPARATUS FOR HARNESSING WIND TO DRIVE A BICYCLE
Inventor: Vladimir Zam
US6932368 B1
23-08-2005

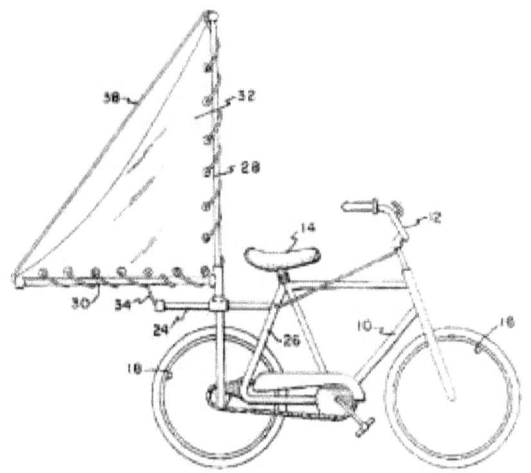

"Los barcos de vela que aprovechan el viento para proporcionar fuerza motriz se han utilizado durante siglos. Trineos con vela se han utilizado para desplazarse sobre superficies de hielo. Sin embargo, mientras que las bicicletas de ruedas han sido impulsado por operadores humanos o por motores desmontables, nadie antes que el solicitante ha tenido éxito al diseñar un aparato que incluye un accesorio de vela conectable a una bicicleta para el aprovechamiento del viento para conducir una bicicleta hacia adelante de una manera controlada.

De acuerdo con los principios de este invento se proporciona un accesorio para acoplar una vela a una bicicleta de forma que esta pueda ser impulsada por el viento hacia delante. El accesorio está adaptado para encajar en la parte posterior de la bicicleta, por encima de su rueda trasera y se puede fijar al asiento de la bicicleta. El accesorio se proporciona con una vela para el viento que, cuando está unida a la bicicleta, puede aprovechar vientos incidentes a 45º de la bicicleta, ya sea del lado izquierdo o derecho de la bicicleta, y vientos a 90º de cualquier lado y vientos desde la parte trasera, para impulsar la bicicleta".

....

¿Quién necesita agua para navegar? Pero lo que si se necesita para la que viene ahora es nieve.

Bicicleta para nieve

Inventor: Luis Caralto Soler
ES1021095 U
01-09-1992

"La bicicleta para nieve, objeto del presente registro, presenta un chasis similar al de una bicicleta convencional, destacando en primer lugar la disposición de unos elementos rodantes adecuados para la nieve que en un modo preferente de realización comprenden cuatro juegos de pares de rodillos dispuestos en los extremos de una ancha banda rotativa de material resistente, y cuyo movimiento les es facilitado mediante una cadena cinemática que dispone de un conjunto de transmisión convencional compatible con un sistema de cambio para muchas velocidades".

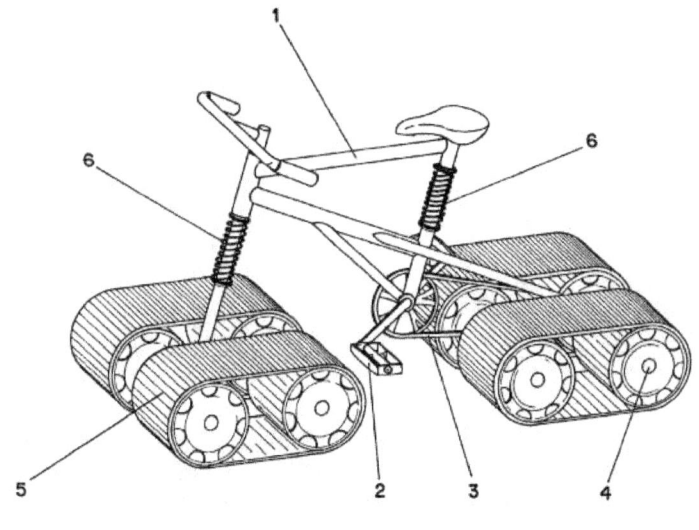

¡Y todo ello explicado en una única frase!

El que viene a continuación también es para usar en la nieve.

Aparato para facilitar la construcción de un muñeco/muñeca de nieve

APPARATUS FOR FACILITATING THE CONSTRUCTION OF A SNOW
MAN/WOMAN
Inventor: Ignacio Marc Asperas
US8011991 B2
06-09-2011

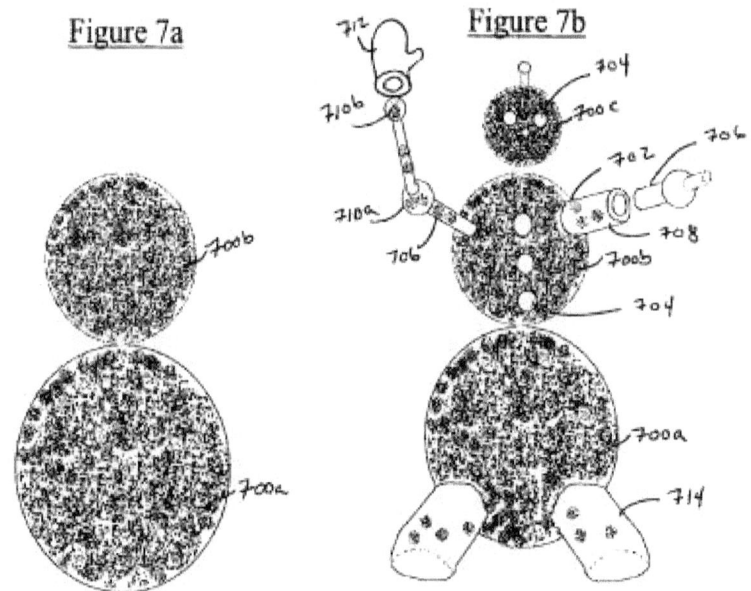

Figure 7a

Figure 7b

"La historia del muñeco/muñeca de nieve es desconocida. Pero, tengo que decir que la primera persona que pensó modelar la nieve con forma de figura humana era un genio. Durante incontables años a partir de entonces, niños y adultos se han emocionado y alegrado haciendo y viendo a otros hacer muñecos de nieve y mujeres de nieve que no salen bien. Saben a lo que me refiero. En cualquier caso, lo que es notable es que nadie haya pensado en una manera más fácil y divertida de hacer personas de nieve. He hecho una búsqueda de patentes abreviada y no hay nada en relación con el tema de la creación de un muñeco de nieve. ¡Increíble! ya que aunque es muy divertido supone un notable esfuerzo. Pero, si nadie ha pensado en ello, pues nadie ha pensado en ello.

Hacer un hombre de nieve es un trabajo duro. Como viejo profesional, se el fastidio que supone hacer rodar una bola de nieve y como a medida que crece se vuelve exponencialmente más difícil. Así que si, como a mí, te gustan los muñecos de nieve grandes acabarás rompiéndote la espalda...

Se dice que las ideas más ingeniosas son las más simples en diseño. La rueda, la tostadora, y, sí, ahora el muñeco nieve definitivo. Por supuesto, en retrospectiva, la rueda no necesitó tanta inventiva, pero fue una innovación trascendental. No pretendo que el muñeco de nieve definitivo sea tan revolucionario para el avance de la humanidad, pero yo sostengo que, por lo que yo sé, nadie ha concebido y llevado a la práctica tal aparato. Sin embargo, digo que mi innovación es más divertida que una simple rueda y que inspirará toneladas de diversión y juegos.

El componente fundamental de la invención es la creación, por primera vez, de una esfera que es mucho más ligera que una bola de nieve del mismo tamaño. La esfera nieve está hecha de un material que es lo suficientemente rígido para soportar una capa de nieve. La esfera de nieve incluye preferiblemente una superficie adherente de la nieve en particular para los distintos tipos de nieve seca y húmeda. La invención comprende la fabricación de varias esferas y la manera de unirlas. También se adjunta información y los medios para la fijación de las extremidades corporales y otros objetos decorativos".

....

¿La rueda o el invento para hacer muñecos (¡y muñecas!) de nieve? Cuesta decidirse ¿verdad?

El siguiente invento también tiene que ver con el frío y seguramente tampoco te dejará frio.

Cucurucho de helado motorizado

MOTORIZED ICE CREAM CONE
Inventor: Richard B. Hartman
US5971829 A
26-10-1999

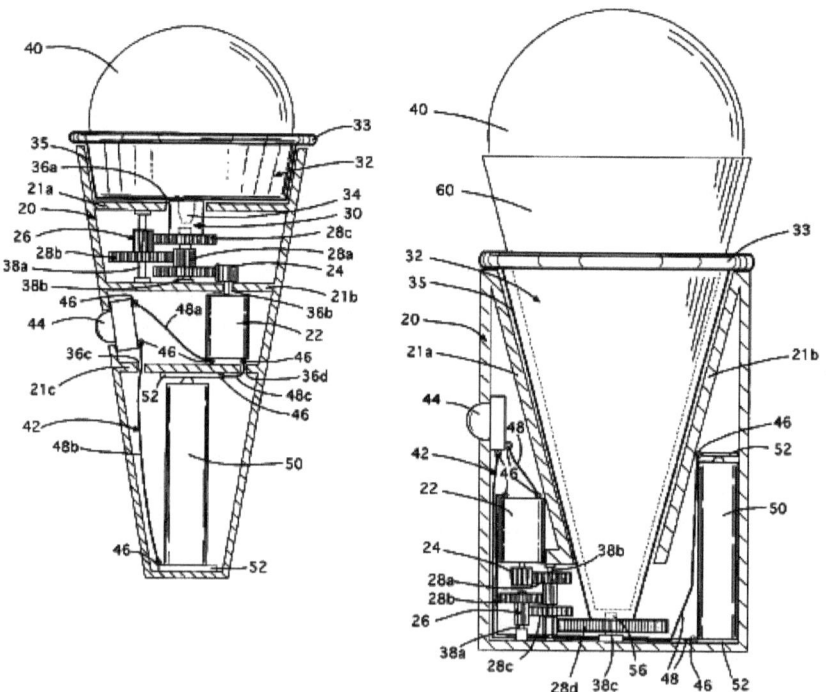

"Debido a que el acto de comer un cono de helado tradicionalmente se ha realizado manteniendo una bola de helado relativamente estacionaria con respecto a los movimientos continuos de la lengua al lamerla, un dispositivo que, básicamente, invierte este procedimiento - es decir, mueve continuamente la porción de helado, mientras que la lengua se mantiene en una posición relativamente estacionaria – nunca ha sido considerado. Sin embargo, se puede observar que un dispositivo de este tipo es enormemente entretenido, se aumenta el disfrute natural y las posibilidades de juego y creativas y mejora la experiencia global de comer este tipo de alimentos para los niños pequeños y adultos por igual. Por lo tanto, puede verse que existe una necesidad para un cucurucho de helado rotatorio que puede sujetarse con la mano mientras se esculpe con la lengua una porción del helado, lo que supone una nueva y divertida forma de comer este tipo de alimentos que puede ser disfrutada tanto por niños como por adultos".

....

Igual no es muy útil, pero ingenioso y divertido sí que parece.

Pero en caso de que el helado te siente mal, también puedes usar este otro cucurucho extensible para vomitarlo.

```
EXPANDABLE VOMIT CONTAINER ASSEMBLY
Inventora: Lura A. Estudillo
US7029463 B1
18-04-2002
```

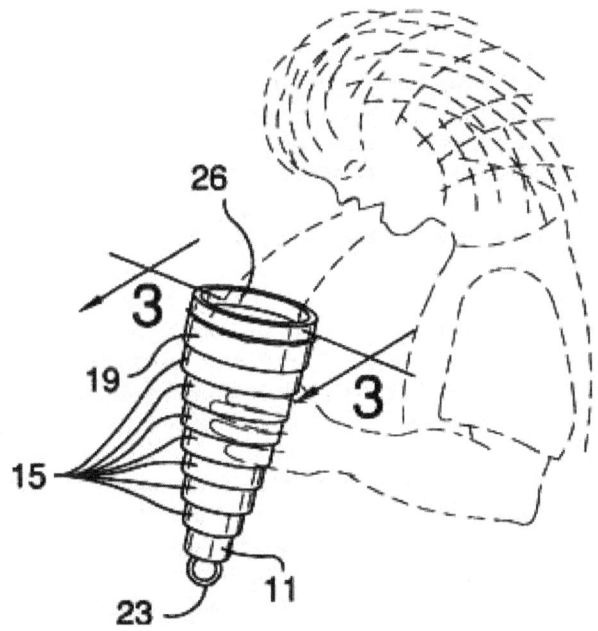

No menos ingenioso, ni menos *"útil"*, es el siguiente invento.

Dispositivo para medir el volumen del pene

PENILE VOLUMETRIC MEASURING DEVICE
Inventor: Jason E. Turner
US7147609 B2
12-12-2006

"A lo largo de la historia, ha habido discusión acerca del órgano sexual masculino humano. Generalmente, quien posee un pene grande es visto como más masculino y viril que quien tiene un pene pequeño. Actores porno bien dotados son vistos por muchos con admiración y envidia por el tamaño de su pene.

En los últimos tiempos, existe en la sociedad un fuerte resurgimiento del interés por los asuntos relacionados con el pene. Viagra® (Viagra es una marca registrada por Pfizer Corporation y se refiere a un compuesto para el tratamiento de la disfunción eréctil) ha disfrutado de un enorme éxito desde su reciente entrada en el mercado. Al principio era comercializado exclusivamente para hombres mayores con problemas para lograr y mantener una erección, pero ahora Viagra® está siendo comercializado y comprado por hombres más jóvenes que buscan mejorar su vida sexual. Por otra parte, al igual que una mujer puede someterse a una cirugía de aumento de senos, también el hombre puede someterse a una cirugía para aumentar el tamaño de su pene. Internet está lleno de anuncios que comercializan o venden productos que pretenden aumentar el tamaño del pene.

Con todo este interés por el aumento de tamaño del pene, hay una notable falta de métodos convenientes y precisos para medir el pene. La mayoría de los hombres simplemente tomar una regla y miden el tamaño de su pene en pulgadas. Sin embargo, para describir adecuadamente el tamaño de un pene la longitud por sí sola no es suficiente. Tampoco es suficiente con saber el diámetro en un punto arbitrario ya que el pene no es perfectamente cilíndrico. Por lo tanto, un método para medir el tamaño de un pene tiene que tener en cuenta la particular forma y tamaño del pene humano.

La presente invención proporciona un dispositivo de medición volumétrica para medir una parte del cuerpo. El dispositivo incluye un recipiente de fluido lleno de líquido. El recipiente de fluido tiene una abertura para permitir la inserción de una parte del cuerpo y una abertura para permitir el flujo de fluido que ha sido desplazado como resultado de la inserción de la parte del cuerpo. Una barrera a prueba de agua cubre la abertura de la parte del cuerpo y sella herméticamente la abertura del lado de la parte del cuerpo, mientras se inserta la parte del cuerpo. La medición volumétrica se determina midiendo la cantidad de fluido desplazado después de la inserción de la parte del cuerpo a través de la abertura de la parte del cuerpo. En una realización preferida, la parte del cuerpo que se está midiendo es un pene erecto".

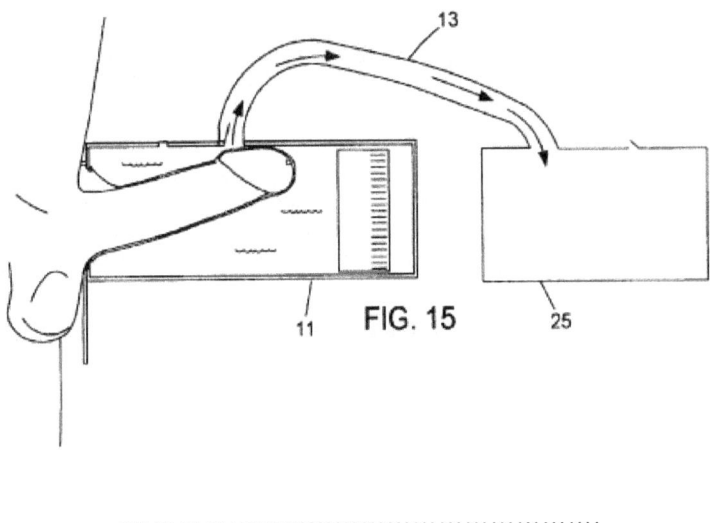

FIG. 15

....

Bueno, bueno, mira tú el invento del Jason. ¡Pa mear y no echar gota!... Nunca mejor dicho. Y simple ¡eh! Quiero decir el invento, no Jason, ¡pobre hombre! ¿Quién le iba a decir a Arquímedes que...? En fin.

Ahora que para invento simple el de la siguiente patente.

Dispositivo para comunicarse

COMMUNICATING DEVICE
Inventores: Sam Kupperman, Dennis Kupperman
US4195707 A
01-04-1980

"Un dispositivo para la comunicación consistente en un tronco de cono hueco que se extiende hacia fuera, desde una base plana y presenta en el otro extremo un diafragma relativamente rígido con un orificio en la misma. Un par de estos dispositivos están interconectados por un cable o una cadena, con lo cual la conversación o sonido emitido en uno de los dispositivos se reproduce en el otro dispositivo. Los dos dispositivos forman una sola unidad integral y se comercializan como un elemento único que va empaquetado con los cereales para el desayuno para niños".

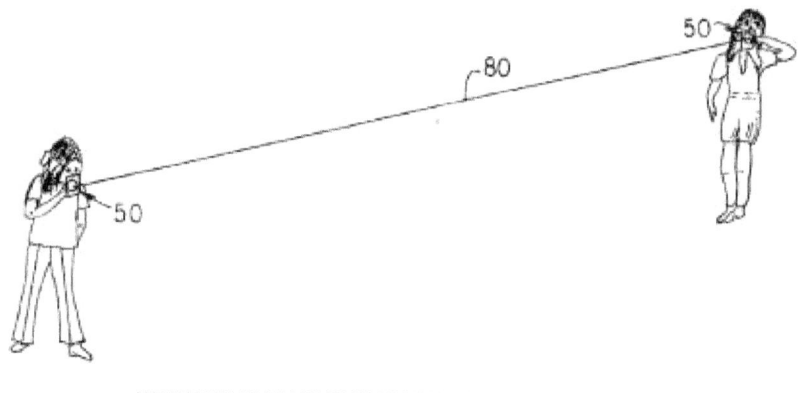

Pues sí, es lo que parece. Estos dos genios de la comunicación se las ingeniaron para patentar el teléfono que hacíamos de niños usando dos vasos de yogur y una cuerda. Y nosotros ahí tan felices, ¡hala!, usándolo por la cara y sin pagar regalías.

Ahora que para dispositivo para comunicarse, en otros idiomas, el invento patentado en España por el francés Marc Jean-Christopee Noel Nandel. Un aparto complicado y con una descripción enrevesada, pero que según su inventor hará que aprendamos un idioma extranjero en menos que se tarda en leer la patente... y sobre todo de entender en que diantres consiste el invento del franchute.

Aparato para acelerar el aprendizaje de idiomas

Inventor: Marc Jean-Christopee Noel Nandel
ES0402034 A1
01-11-1975

"Diversos trabajos científicos han demostrado que el espectro de frecuencias de la voz humana está determinado prácticamente por el espectro de frecuencias que el oído es capaz de oír o que se impone oír al oído. Numerosas medidas se han efectuado para definir las características del oído humano por medio de métodos audiométricos, estableciendo curvas audiométricas que, para cada frecuencia de una gama dada de frecuencias, de 100 a 12000 Hz aproximadamente, dan los umbrales auditivos a partir de los cuales un sujeto dado comienza a oír el sonido de la frecuencia medida en cuestión. Dichos umbrales están definidos por niveles de energía positivos o negativos medidos en decibelios con respecto a un nivel de referencia elegido estadísticamente después del examen de un cierto número de sujetos considerados normales en cuanto a la audición. Debido a que el espectro de la voz de un sujeto dado, está determinado en gran medida por el espectro auditivo, se puede sacar de ello la conclusión de que la curva auditiva da, en realidad, también una imagen de la fonación del sujeto en cuestión, lo que se ha podido verificar por medio de experimentos. Ahora bien, otros experimentos han demostrado que un cierto número de sujetos, hablando todos su lengua materna, tienen curvas auditivas prácticamente análogas, lo que conduce por lo tanto también a curvas de fonación análogas. Resulta así que la curva de fonación de un sujeto francés, por ejemplo, está provista como término medio de un nivel de energía relativamente elevado a 1500 Hz aproximadamente, y que la curva de fonación de un sujeto inglés muestra también, como término medio, un nivel de energía creciente, a partir de 2000 Hz hasta 6000 Hz. Ahora bien, se ha constatado que cada idioma corresponde a una cierta curva característica bien definida, que se puede establecer estadísticamente con ayuda de la audiometría. Tomando como base los resultados de dichos trabajos de investigación, el invento tiene por objeto crear un procedimiento y un aparato por medio de los cuales un sujeto dado es conducido progresivamente a pronunciar a voluntad un espectro de frecuencia adaptado al idioma extranjero que desea aprender y, en consecuencia, a aprender a hablar dicho idioma sin acento.

El invento tiene también por objeto un aparato para la puesta en práctica del procedimiento definido más arriba, caracterizándose dicho aparato porque comprende, en combinación, medios transductores destinados a transformar los sonidos emitidos por el sujeto en señales eléctricas, medios de amplificación y de filtración provistos, para cada idioma a aprender, de al menos un filtro pasa-altos y un filtro pasa-bajos conmutables de manera que suministran, para cada idioma a aprender, al menos dos características de frecuencias determinadas, correspondientes a dos fases de aprendizaje consecutivas respectivas, y medios de reproducción para transformar las señales procedentes de los citados medios de amplificación y de filtración en sonidos perceptibles para el sujeto".

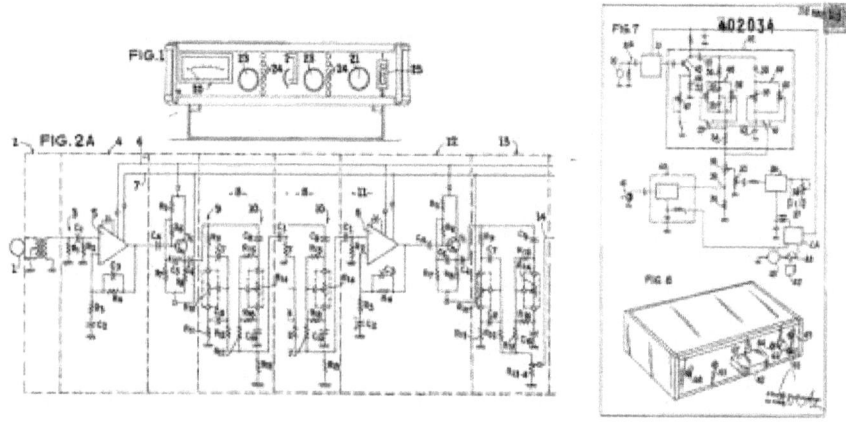

....

¿Por qué tengo yo la sensación de que el francés nos la quería dar con *"fromage"* y que usando el aparato de marras es más fácil que te vuelvas tonto a que aprendas un idioma?

Ahora que, en esto de inventar métodos raros y enrevesados para aprender idiomas, o más bien para que otros incautos los intenten aprender, los españoles tampoco lo hacemos mal.

Sistema de señalización de textos para facilitar la pronunciación de idiomas

Inventor: Julián Gómez Gútiez
ES0232032 A1
01-04-1957

"Una de las dificultades de más envergadura con que ha de enfrentarse toda persona interesada en el estudio de idiomas, es la pronunciación correcta de cada una de las palabras. Hay casos en que por la existencia de reglas fijas y concretas siempre aplicables, mediante un perfecto conocimiento de las mismas, puede lograrse la pronunciación adecuada, pero estos casos, desgraciadamente, son más bien raras excepciones, por lo que para poder conseguir la pronunciación correcta de un idioma, se hace preciso conocerlo muy profundamente y manejar la totalidad de su vocabulario, exigiendo esto muchas horas de estudio y práctica y, como consecuencia, un muy dilatado plazo de tiempo para alcanzar el dominio pretendido. Entre los idiomas que por su eficiente importancia son hoy en día objeto de frecuente estudio, podemos citar el idioma inglés, tanto en su expresión pura como en su acepción norteamericana. Concretándonos a este extendido idioma, nos encontramos con la considerable dificultad que para un español supone la pronunciación de las vocales, ya que la vocal a tiene hasta ocho pronunciaciones distintas, la o tiene nueve, la e y la u tienen cinco y, por último, la i tiene hasta tres. Asimismo, son frecuentes los casos en que en una misma palabra, la misma vocal tiene diversas pronunciaciones, por ejemplo, una palabra que contiene tres veces la vocal o, y cada una de ellas con pronunciación distinta.

Con el sistema de señalización objeto de la presente patente, logra simplificarse en gran manera el aprendizaje de la pronunciación, facilitando en forma considerable la labor personal e individual del estudiante y permitiéndole alcanzar la perfección en un tiempo infinitamente más breve que el que ha sido preciso hasta el momento actual. Asimismo y merced a la ingeniosa concepción del sistema que nos ocupa, es adaptable a la enseñanza de cualquier idioma, por lo que su adopción a estos fines, ha de contribuir grandemente a la elevación del nivel cultural de nuestra patria. Se caracteriza esencialmente este sistema por establecerse una pluralidad de signos los cuales se incorporan al texto del idioma a estudiar, cuyo texto, por lo demás, permanece expuesto o impreso en su forma normal y ordinaria, constituyendo el conjunto formado por cada letra, preferentemente vocales, y el signo a ella incorporado, arriba, debajo o superpuesto, una clave indicadora de la pronunciación correcta en cada caso concreto; habiéndose dispuesto la previa formación de una tabla constituida por todas las vocales con cada uno de los signos que a las mismas pueden incorporarse en el desarrollo del texto, en cuya tabla se expresa la correspondencia existente entre cada combinación gráfica letra-signo y su sonido equivalente"...

Expresión gráfica			Equivalencia al español
ā	a	a	Suena como "ei" en español
ē	ǫ	e	Suena como la "i" española
ī ȳ	i y	i y	Suena como "ai" en español
ō	ǫ	o	Suena como "ou" en español
ū	u	u	Suena como "iú" en español
ēē	ęę	ee	Suena como dos "íes" en español
ōō	ǫǫ	oo	Suena como dos "úes" españolas
ă	à		A altísima como en "fat", "hat", "cat", "sst"
ĕ	è		Suena como "e" española
ĭ y̆	ì ỳ		Suena como "i" o "e" confusa en español
ŏ	ò		O altísima como en "not", "hot", "dot"
ŭ	ù		Suena como la "eu" francesa
ä	ä		A baja (un poco más alta que la española)
a̤	a̎		Suena como la o baja en inglés (verla)
o̤	ö	ö	Suena como dos "úes" españolas
ṳ	ü	ü	Suena como "úes" españolas
ȧ	á	å	A un poco más alta que a, como en "ask" "task"
ą	ą	ą	Suena como la "o" más alta (verla)
ȯ	ô		Suena como la "eu" en francés
ǫ	ǫ	ǫ	Suena como una "u" española
ų	ų	ų	Suena como una "u" española

Expresión gráfica				Equivalencia al español
â	á			Suena como "e" española
ê	é			Suena como "e" española
ô	ó			O baja (un poco más alta que la española)
û	ú			Suena como "eu" en francés
ã	â			Suena como "eu" en francés
ẽ	ê			Suena como "eu" en francés
ĩ	ỹ	î	ŷ	Suena como "eu" en francés
õ	ô			Suena como "eu" en francés
th	th			Suena como "d" española
th	th			Suena como "z" española
ȩ	ȩ			Suena como "z" inglesa
ġ	x̣	ġ	x̣	Suena como "j" y "gz" ingleses respectivamente

Nota.- Las letras tachadas con una rayita inclinada o en cursiva no se pronuncian.

....

Para que nos vamos a engañar, aprender idiomas extranjeros nunca fue lo nuestro, y con semejantes métodos…

Ahora que para método original, el que nos propone el siguiente invento para matar moscas.

Dispositivo digital disuasorio de insectos y modo de empleo

FINGER MOUNTED INSECT DISSUASION DEVICE AND METHOD OF USE
Inventor: John Richard Daugherty
US7484328 B1
03-02-2009

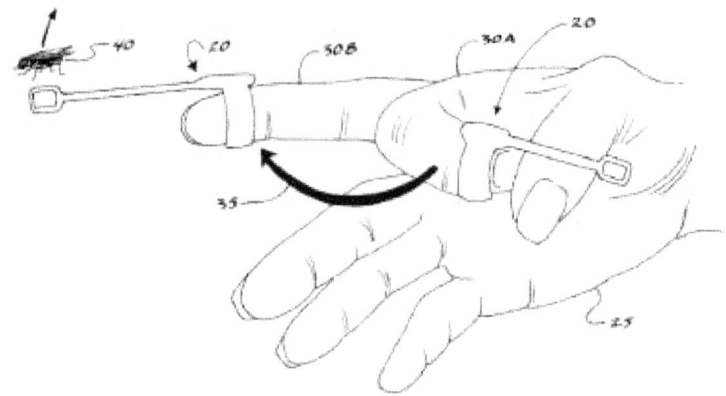

"Durante las actividades al aire libre, a menudo uno es molestado o distraído por un insecto. Por ejemplo, durante las actividades al aire libre estáticas, como el bronceado o la lectura, una sola mosca puede molestarnos insistentemente a pesar de los repetidos intentos de espantarla. Tales insectos aterrizan sobre nosotros de forma persistente, por ejemplo, en el brazo o la pierna de uno. Los matamoscas convencionales son engorrosos y debido a los problemas de higiene, no son muy adecuados para aplastar al insecto sobre uno mismo. A menudo se utiliza la mano, libro u otro objeto para apartar al insecto. Estos intentos son, normalmente, ineficaces ya que el insecto simplemente escapa y regresa para aterrizar nuevamente sobre nosotros.

La presente invención consiste en un dispositivo de disuasión de insectos que se asemeja a un matamoscas en miniatura adaptado para ser fijado sobre el extremo de un dedo humano. Cuando el dispositivo de la presente invención se sujeta, por ejemplo, en el dedo índice, no se impide la realización de actividades normales, tales como la lectura de un libro o sujetar un contenedor de bebida. Un insecto puede ser rechazado fácilmente simplemente flexionando lentamente el dedo y luego chasqueando el dedo con el dispositivo conectado. Debido al pequeño tamaño del "dedo matamoscas" la mayoría de los insectos no reaccionan a su presencia y son cogidos por sorpresa por el movimiento de parpadeo rápido. La mayoría de los insectos son fácilmente golpeados y arrastrados lejos del cuerpo de uno por el dispositivo de la presente invención, resultando la eliminación permanente del insecto en particular. El pequeño y discreto tamaño del dedo matamoscas permite una fácil limpieza si es necesario. El dispositivo de la presente invención es tan eficaz en la disuasión de insectos que a menudo se agradece la presencia de un insecto para poder utilizarlo. La particularmente enérgica disuasión de un insecto a menudo se convierte en un desafiante deporte".

....

Lo que no me explico es ¿cómo es que este *"desafiante deporte"* no es ya olímpico?

Y porque nunca se sabe cuándo vas a necesitar uno, también tenemos el matamoscas de bolsillo.

MATAMOSCAS PLEGABLE DE BOLSILLO
Inventor: Vanessa Van Camp
ES1051477 U
16-08-2002

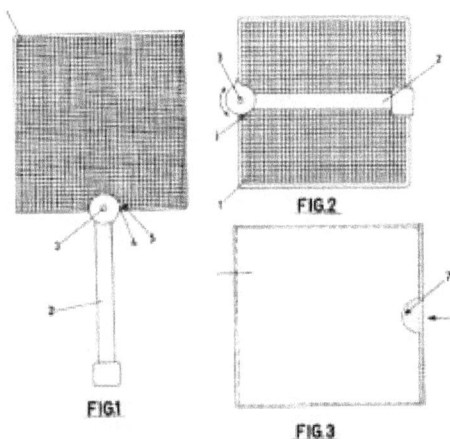

Pero esto de cargarse las moscas de una en una no parece convencer al autor de la siguiente patente en la que se propone un arma de destrucción masiva para moscas e insectos.

Dispositivo para la destrucción de moscas y otros insectos nocivos con el auxilio de una trampa perfeccionada por la colocación de una tela metálica

Inventor: Angelo Viacava
ES0150346 A1
06-09-1940

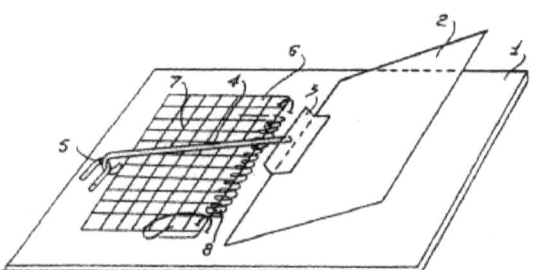

"Esta invención se refiere a un dispositivo para aprisionar y destruir moscas y otros insectos nocivos, por el usó de un tipo de trampa perfeccionada provista de una tela metálica.

El principal objeto de esta invención es realizar un tipo perfeccionado de trampa que presente características singulares, especialmente por lo que se refiere a la ligereza de la construcción, de tal modo que puede funcionar automáticamente por el propio peso de los insectos que atraídos por un cebo conveniente van a colocarse sobre una superficie dispuesta de antemano con esta intención.

Como se ve en el dibujo, la trampa está formada por una tablilla de madera (1), sobre la cual y correspondiendo con uno de sus lados se tiene una segunda tablilla (2), ligeramente inclinable, preferentemente constituida por una plancha de cartón formada de materia análoga. Sobre esta tablilla (2) se puede extender un cebo constituido por una materia azucarada o cualquiera otra que convenga, de modo que esta superficie por su cara exterior atraerá a que se detengan sobre ella las moscas o los otros insectos. La tablilla (2), está provista de un amarre (3) al que se engancha un hilo de retenida (4), fijo por su otro extremo a un punto (5) de la tabla. Este hilo de retenida (4), mantiene, debajo de él, en una posición sensiblemente paralela a la tabla (1) el marco (6) al que está fijada la tela metálica (7). Este marco (5) está unido, a su vez, a un muelle de torsión (8), que cuando el marco (6) no está contenido por el hilo de retenida (1), hará girar rápidamente el marco (6) con su tela metálica (7), llevándole a cubrir el cartón (2). Por consecuencia si sobre este cartón (2) se posar varias moscas su peso es suficiente para que el cartón gire una pequeña cantidad abatiéndose sobre la tablilla (1) de manera que el amarre (3) suelte el hilo de retenida (4) y, el chásis (6) no sostenido ya por el hilo de retenida (4), por efecto de su resorte (8), se lanza arrastrando la tela metálica (7) a cubrir el cartón (2), aprisionando sobre el las moscas u otros insectos que están posados sobre el cebo allí extendido.

Claro es que el chasis y su muelle deben ser muy ligeros, teniendo en cuenta su función.

Evidentemente el zafado del hilo de retenida y el disparado por lo tanto del resorte, pueden ser obtenidos también a voluntad del usuario, en lugar de ser automáticos, de manera que este dispositivo puede emplearse también pera aprisionar un solo insecto que sea particularmente enojoso, y que se desee eliminar.

Debe además, tenerse en cuenta que este mismo sistema, construyendo aparatos mayores, y empleando los convenientes elementos, podrá utilizarse para aprisionar un pájaro u otros animales volátiles nocivos para la agricultura y también para canarios.

Naturalmente que este dispositivo puede realizarse también de manera distinta de la que se acaba de describir; lo esencial es que los insectos o los pájaros vengan a ser aprisionados automáticamente o a voluntad por una tela metálica".

....

Un invento que funciona de forma automática solo cuando se posa un pelotón de moscas, o manual para una única mosca incauta y, por supuesto, que puede realizarse de cualquier otra manera, eso sí, siempre y cuando lleve una tela metálica y funcione. Algo así es digno del mismísimo Coyote. Además, el invento es escalable y con suficiente tamaño serviría para atrapar al Correcaminos. Aunque el Coyote también tendrá que tener cuidado con el siguiente invento.

"*Espantacoyotes*"

COYOTE-ALARM
Inventor: John S Barnes
US726131 A
21-04-1903

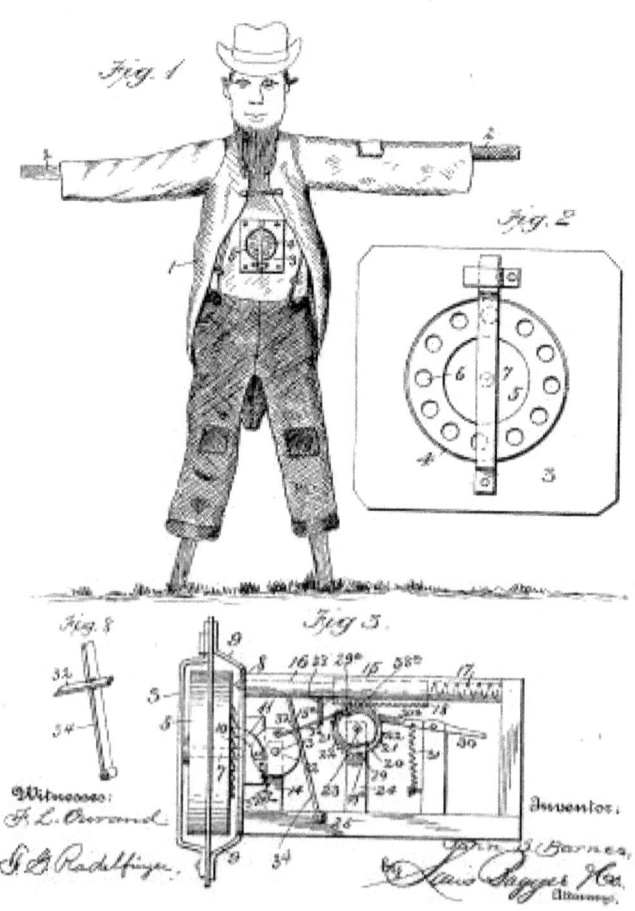

"Mi invención se refiere un "*espantacoyotes*" o espantapájaros; y el objeto de la misma es la construcción de un muñeco que, de forma automática, y a intervalos determinados previamente, dispara un cartucho para asustar a los coyotes lejos de los rebaños de ovejas.

La construcción simple y novedosa empleado en la realización de mi invención se describe en detalle en esta especificación y se reivindica, y se ilustra en los dibujos adjuntos, que forman una parte de la misma, en el que la Figura 1 es una perspectiva de una figura que lleva mi dispositivo automático...

En un dispositivo de la clase descrita, la combinación, de un cilindro rotatorio que contiene las cámaras para los cartuchos, un tubo ranurado, un percutor accionado por resorte y montado en dicho tubo, un engranaje y medios para el funcionamiento de dicho engranaje que al accionar el percutor hace que exploten los mencionados cartuchos".

....

Normalmente las patentes han de ir acompañadas de una figura explicativa de la invención y algunas de ellas, como ésta, son casi una obra de arte. Algunos ejemplos de patentes con ilustraciones artísticas para describir inventos peculiares, que sin duda podrían haber sido creación de "*el Coyote*", son los que se muestran a continuación.

R. J. SPALDING.
FLYING MACHINE.

No. 398,984.

Patented Mar. 5, 1889.

Fig. 1.

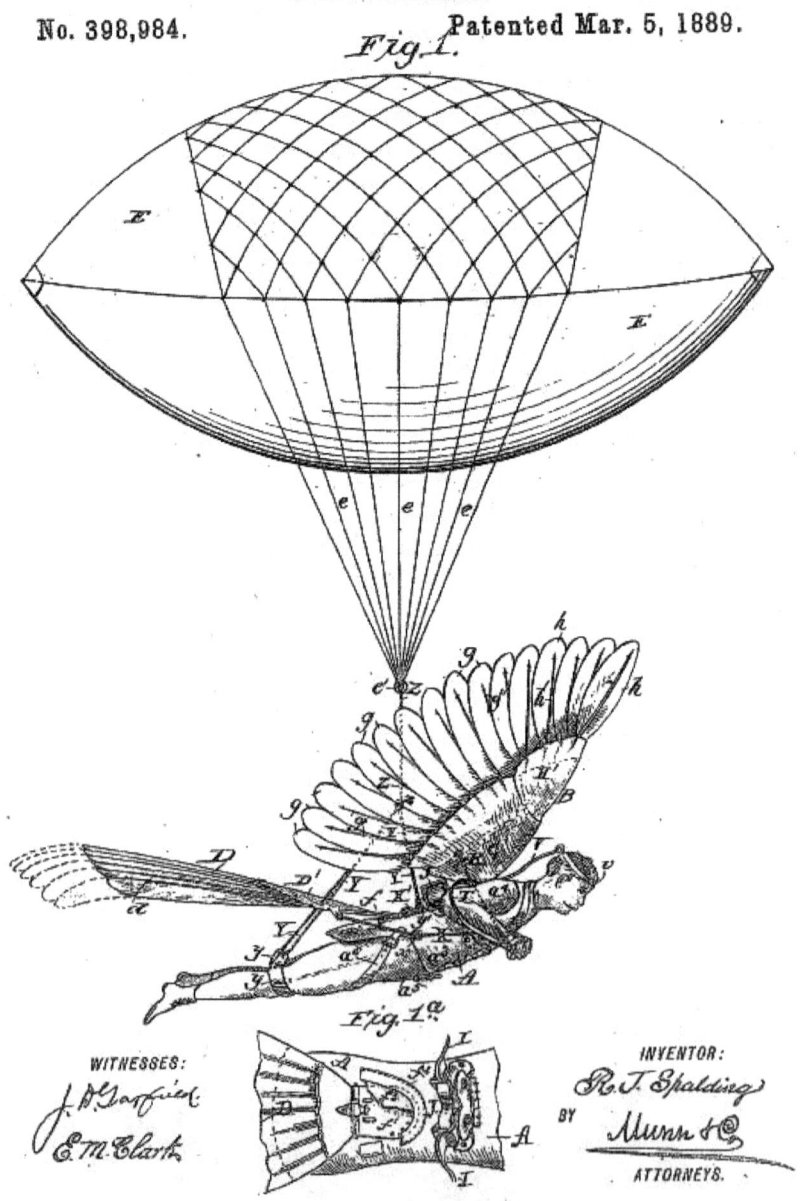

Fig. 1.ª

W. F. Quinby

Flying Mach.

Nº 95,513.

Patented Oct. 5, 1869.

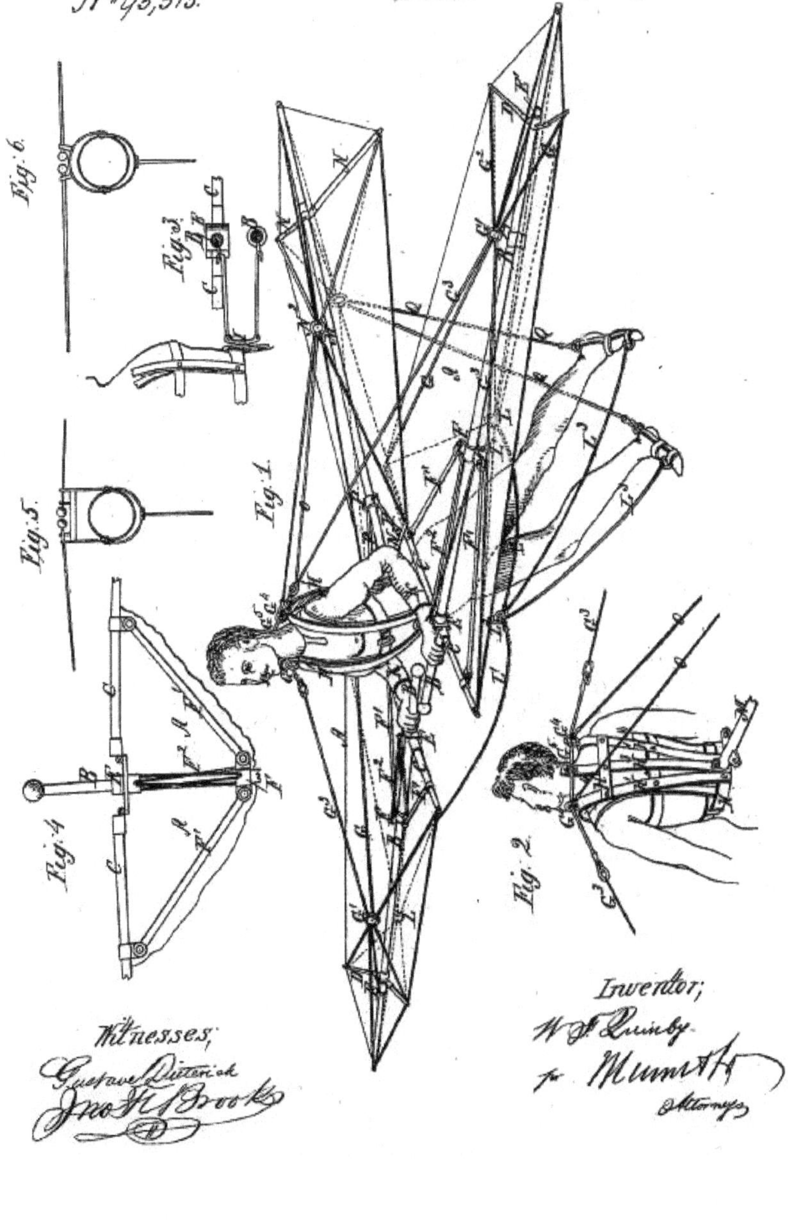

Fig. 6.

Fig. 3.

Fig. 1.

Fig. 5.

Fig. 4.

Fig. 2.

Witnesses;
Gustave Dietterich
Jno. H. Brooks

Inventor;
W. F. Quinby
fr. Munn & Co
Attorneys.

Aug. 12, 1924.

I. I. ZIPERSTEIN

1,504,534

AERONAUTICAL DEVICE

Filed April 6, 1922   7 Sheets—Sheet 1

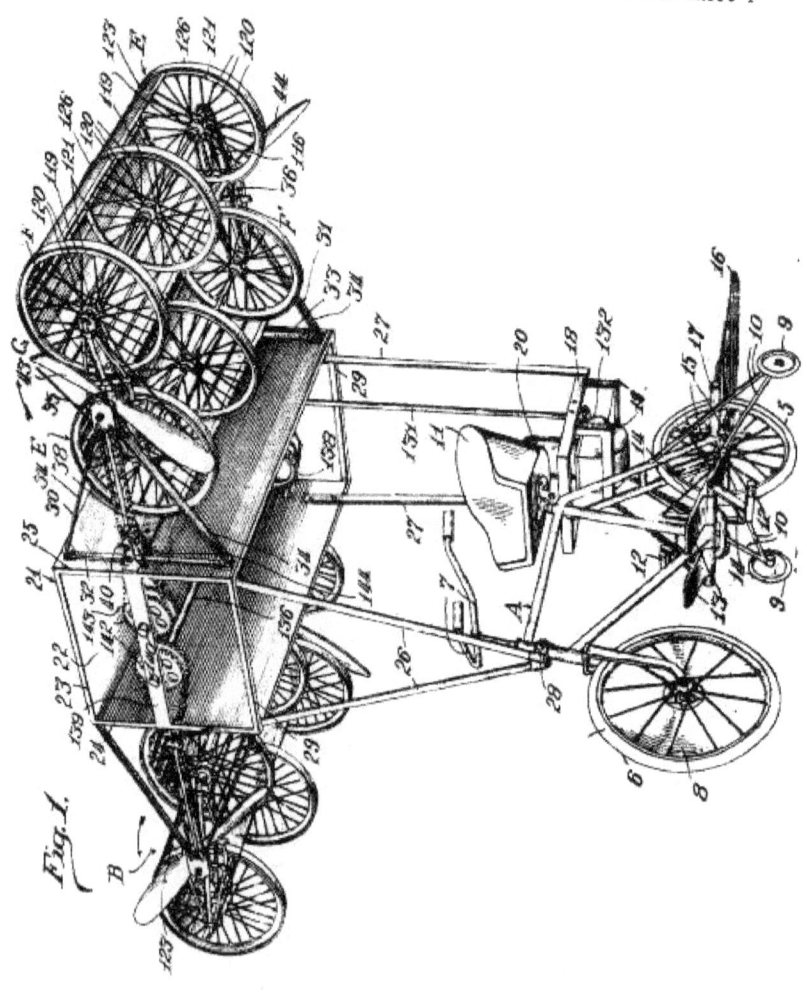

Fig. 1.

Inventor

Israel I. Ziperstein

Daniel Brennan

Attorney

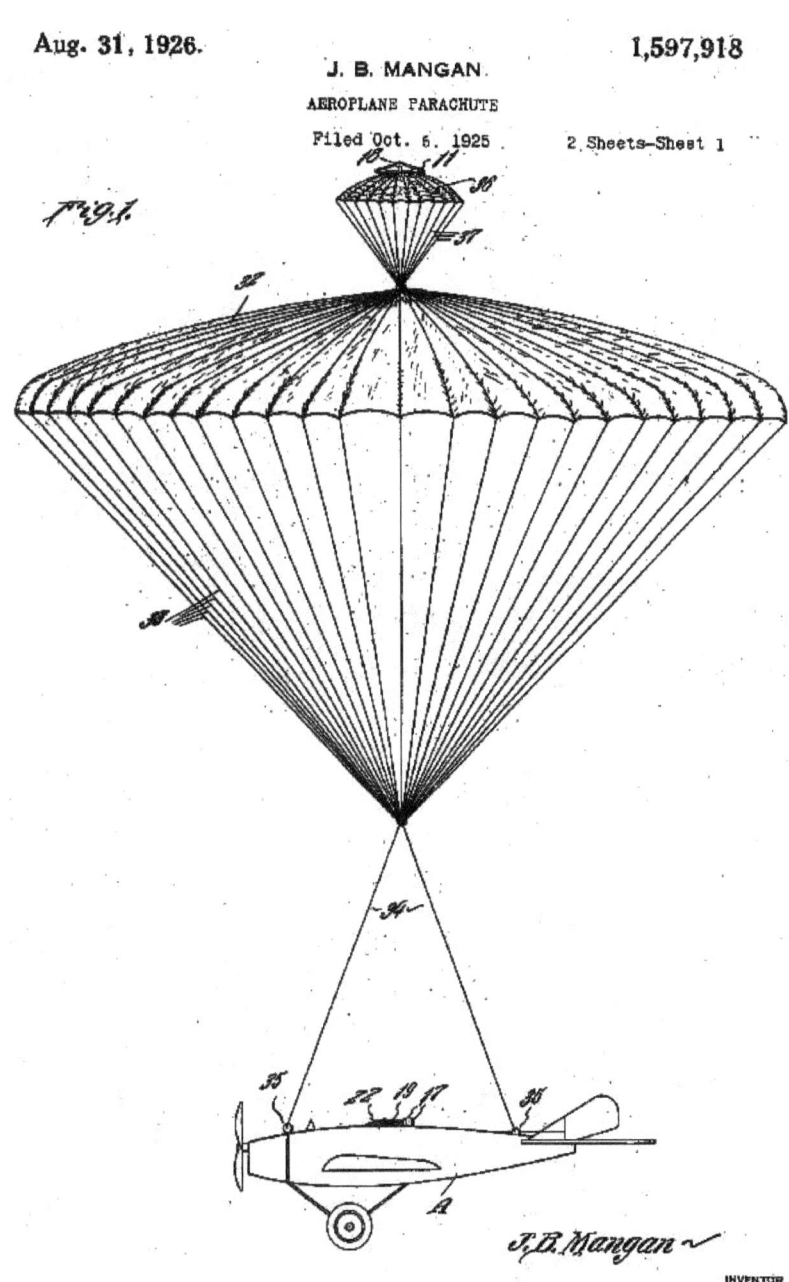

Fig.1.

J. B. Mangan ~

INVENTOR

BY Victor J. Evans

ATTORNEY

J. C. ANDERSON.
MILITARY BICYCLE.

(Application filed May 5, 1898. Renewed Mar. 9, 1899.)

(No Model.)

2 Sheets—Sheet 1.

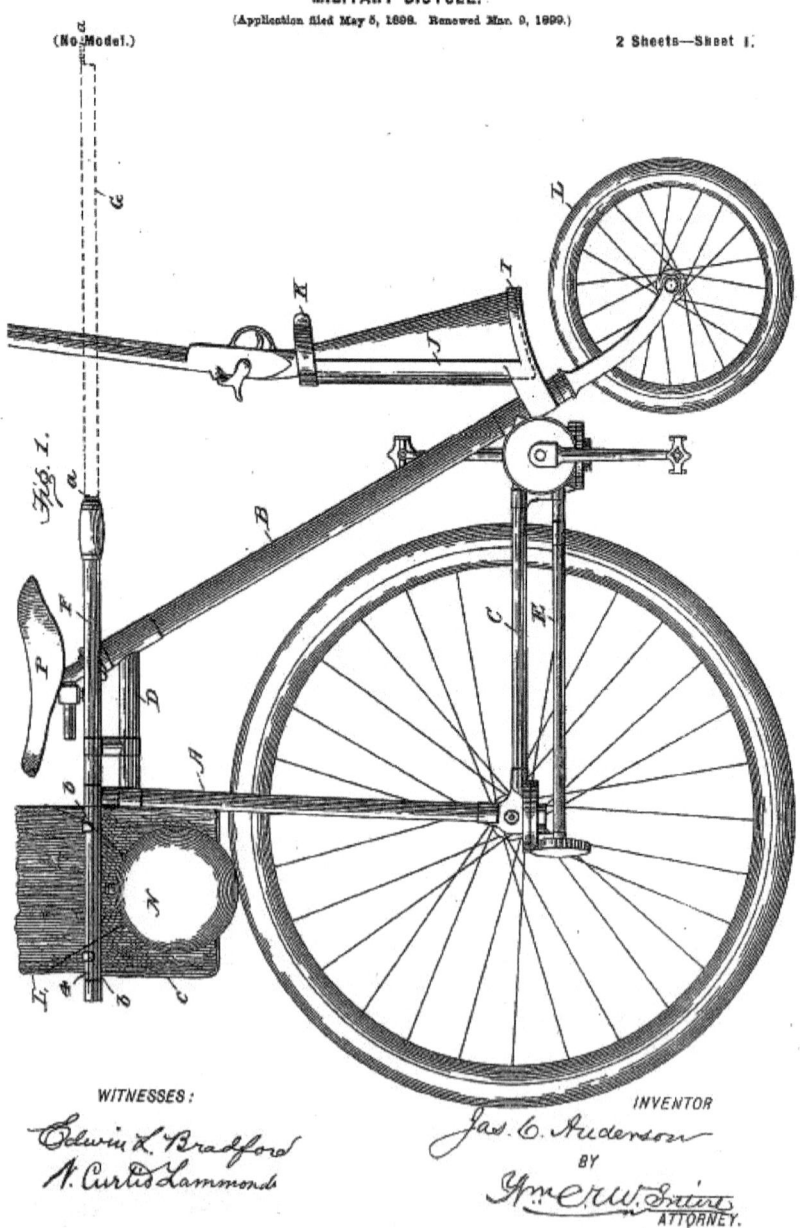

WITNESSES :

Edwin L. Bradford
N. Curtis Lammonds

INVENTOR

Jas. C. Anderson

BY

Wm. C. W. Sutire
ATTORNEY.

J. O. LOSE.
ONE WHEELED VEHICLE.

No. 325,548. Patented Sept. 1, 1885.

Fig.1.

Fig.2.

Witnesses:
Andrew B. Inglis.
John H. Reynolds.

Inventor:
John Otto Lose
By. John F. Kerr
Attorney

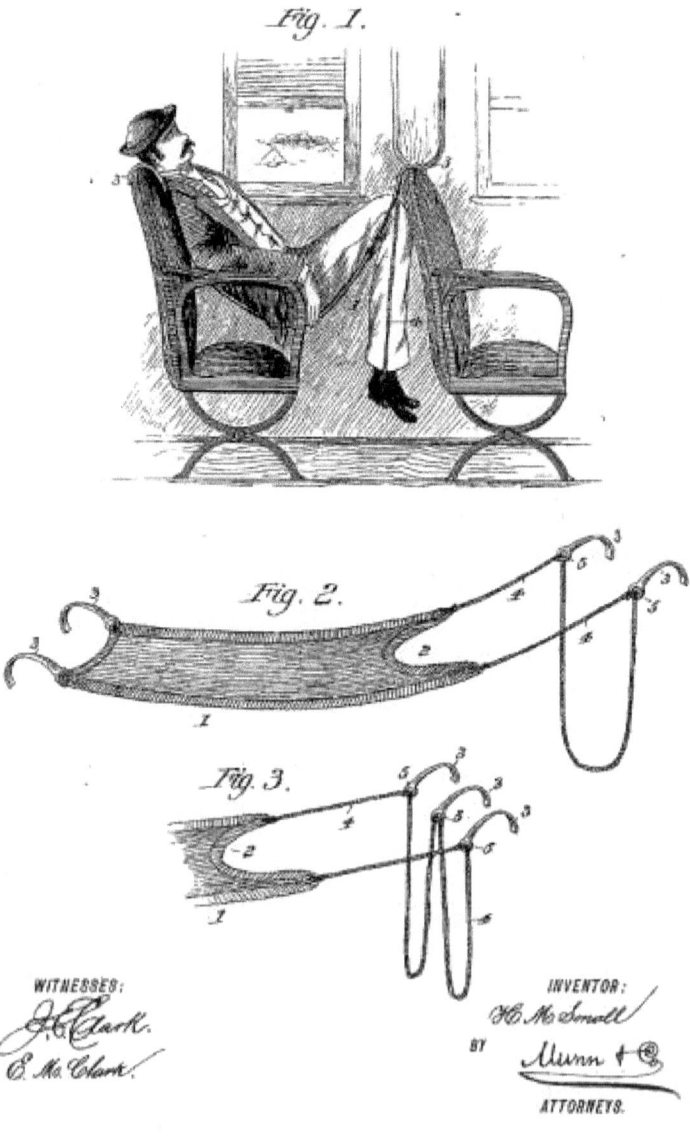

Interesante patente de un invento para descansar cómodamente mientras viajamos en tren. Por el contrario, los siguientes inventos del Sr. Clemente Urmeneta persiguen el movimiento sin descanso alguno.

Una noria de movimiento continuo y fuerza útil

Inventor: Enrique Clemente Urmeneta
ES0239443 A1
01-10-1958

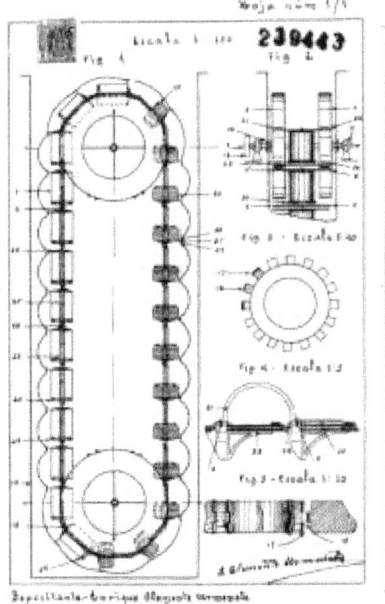

"El movimiento se inicia de forma automática, para continuarlo indefinidamente, salvo interrupciones de orden material, una vez llenado de líquido el pozo que contiene la noria. En este momento se establece una diferencia de peso en movimiento entre las dos mitades de la cadena de cámaras, en razón de que una parte de ellas tiene encima el peso de que van provistas y las comprime en sentido longitudinal, una a una y sucesivamente, expulsando parte de aire que contienen, quedando reducido su volumen con un consiguiente exceso de peso que no le corresponde, mientras en la parte opuesta, el peso queda debajo y extiende las cámaras aumentando su volumen al aspirar el aire que expulsan sus opuestas, también de una a una, con lo que pierden su peso estableciéndose así y entre unas y otras la diferencia que constituye la potencia de la noria, ya que esta acción se repite constante y sucesivamente en todas y cada una de las cámaras, buscando un equilibrio imposible".

Esta patente corresponde a un segundo intento del Sr. Clemente por conseguir el movimiento continuo. En una patente anterior ya lo había intentado, por lo que se deduce, con poco éxito.

SISTEMA MECANICO DE MOVIMIENTO CONTINUO CON PRODUCCIÓN DE
FUERZA ÚTIL, FUNDADO EN EL PRINCIPIO DE ARQUÍMEDES Y LEY
DE LA GRAVEDAD
Inventor: Enrique Clemente Urmeneta
ES0222512 A1
01-03-1957

Con esta nueva invención tampoco parece que lo hubiese conseguido. Pero la clave de todo inventor es la perseverancia, por lo que hay una tercera patente.

UN VOLANTE EN EQUILIBRIO HIDROSTATICO Y MOVIMIENTO
CONTINUO
Inventor: Enrique Clemente Urmeneta
ES0279043 A1
10-06-1962

Y así hasta 10 patentes más del mismo inventor en la búsqueda del movimiento continuo.

El Sr. Clemente seguramente se lleve el premio a la perseverancia, pero hay una gran cantidad de patentes sobre pretendidos ingenios con los que conseguir el movimiento continuo.

Lo cierto es que esto de pasarse por el forro la ley de conservación de la energía parece ser todo un clásico y hay ejemplos de patentes mucho más recientes.

Generador eléctrico autosuficiente con sistema de alimentación ininterrumpida y sistema de anti disipación eléctrica

Inventor: Francisco Sánchez Gallardo
ES1100633 U
19-02-2014

"La capacidad de este generador es la de generar energía eléctrica sin necesidad alguna de combustible fósil o fuerza de la naturaleza. Además los motores eléctricos llevan acoplados en su base un sistema de células termoeléctricas, que provocan desde una diferencia de temperaturas la producción de electricidad, recuperando así la energía perdida por la disipación calorífica".

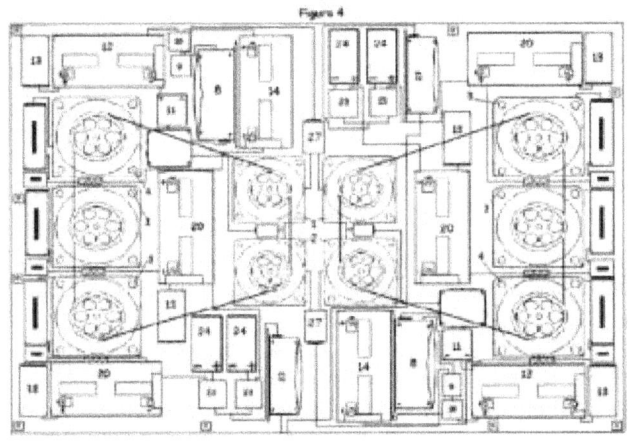

Figura 4

....

Pues nada, que el ritmo no pare.

La siguiente es también para no dejar de moverse. Más concretamente para saltar a la comba. ¿Te parece una buena forma de entrenamiento pero te lías con la cuerda? Pues eso ya no es un problema con la comba sin cuerda.

Comba sin cuerda

CORDLESS JUMP ROPE
Inventor: Lester J. Clancy
US7037243 B1
02-05-2006

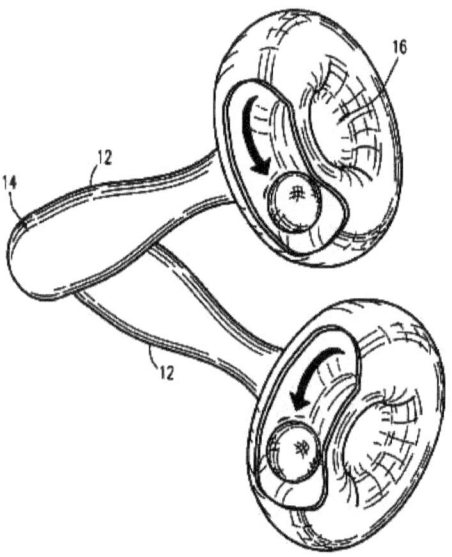

"Saltar a la comba es ejercicio de alta actividad aeróbica que desarrolla resistencia cardiovascular y muscular junto con la agilidad, la coordinación y la fuerza muscular. Se puede hacer prácticamente en cualquier lugar y los costos del equipo son mínimos. Sin embargo, tiene algunas desventajas. En primer lugar, se requiere de un techo alto para permitir que la cuerda pase por encima. En segundo lugar, y quizás lo más importante, se requiere algo de práctica hasta que uno desarrolla la coordinación necesaria sin enredarse con la cuerda. Sólo entonces se puede obtener el máximo beneficio del ejercicio.

El aparato de ejercicio simula los efectos de saltar a la comba, pero no utiliza una cuerda real. Consta de dos mangos similares en apariencia a los de una comba. En el extremo de cada mango, donde estaría la cuerda, hay una cámara con forma de rosquilla, que va montado en el mango a lo largo de su eje de simetría. Dentro de cada cámara hay una pelota, con peso, que gira alrededor dentro la cámara circular. Cuando se gira, el peso de las bolas genera par de rotación que simula el uso de una comba".

....

¿Que tú no te lías con la cuerda? Pues nada aquí tienes una comba para expertos. Si no te descalabras antes te vas a hartar de saltar con ésta.

Comba perfeccionada para saltar

Solicitante: Industrias ALGON S.A.
ES0238868 U
01-12-1978

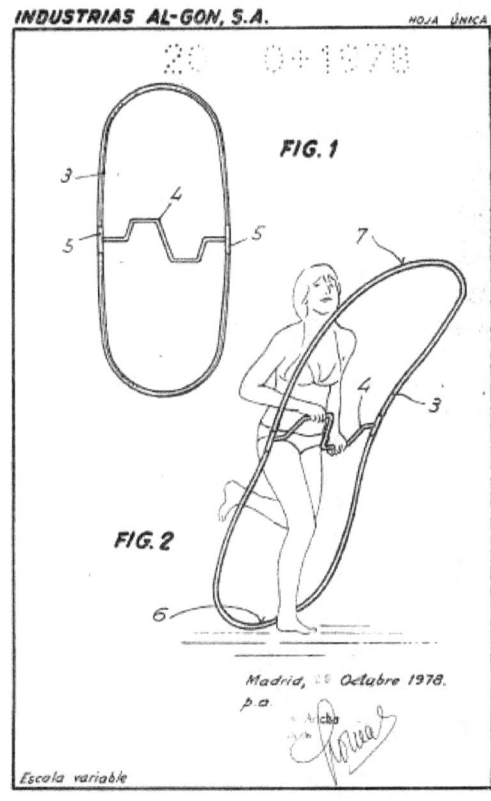

"Comba perfeccionada para saltar, caracterizada porque está compuesta por un anillo de material flexible, constitución preferentemente tubular y amplitud suficiente para rodear, de pies a cabeza, a una persona, el cual anillo adopta forma general ovalada y queda dividido en dos mitades por un cigüeñal de eje horizontal cuyos extremos están solidarizados a sendos puntos enfrentados del anillo; estando adaptado dicho cigüeñal para ser accionado por ambas manos del usuario al objeto de imprimir el movimiento rotatorio a la comba y saltar sobre la parte inferior del anillo mientras la superior pasa por encima de la cabeza.

....

Unas combas que son todo un "salto" tecnológico.

Pero si tu deporte es la natación, con este otro invento, también de alta tecnología, podrás practicarla aunque no sepas nadar.

Un traje de baño insumergible perfeccionado

Inventor: Francisco Malo Segura
ES0106040 U
10-07-1964

"Un bañador de dos cuerpos o piezas superpuestas, divididas en secciones independientes, que forman cavidades entre sus dos caras, rellenas de cuerpos de flotación constituidos por espuma de nylon o cualquier otra substancia porosa y más ligera de lo que corresponde a su volumen, que posea un elevado índice de flotación.

Merced al empuje hacia arriba provocado por los indicados cuerpos de flotación, al sumergirse el cuerpo en el agua queda la cabeza fuera, conforme a la fórmula que luego se expone y de acuerdo con el peso del usuario".

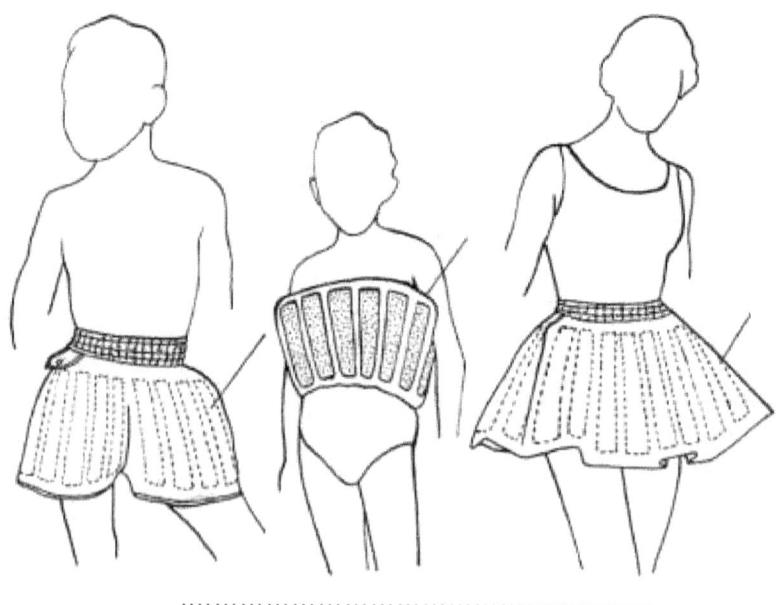

Pero si aún no te sientes seguro, puedes completar el atuendo de baño con este gorro también de diseño exclusivo.

Gorro protector perfeccionado

Inventor: Vladimr Bednar
ES0224557 U
16-03-1997

"El objeto del presente invento es un gorro utilizable como auxiliar para la natación, protector contra el frio y casco protector para deportistas, diferenciándose de los gorros conocidos de este tipo por presentar un casquete inflable que consta de dos paredes de material flexible que delimitan una cámara impermeabilizada herméticamente.

El casquete utilizable como auxiliar para la natación, constituye una ayuda para nadar especialmente conveniente para los principiantes que todavía no posean mucha seguridad o tengan suficiente resistencia, posibilitando el que pueda mantenerse de manera segura la boca y la nariz fuera del agua, en especial en la natación de espalda. El casquete impide también que el agua penetre en los oídos. Cuando se nada sobre la espalda basta hacer pequeños movimientos con las manos y los pies para producir un empuje complementario ascensional, no siendo necesario que las personas corpulentas realicen movimiento alguno para que se mantengan sobre la superficie del agua. El cansancio que se produce en la natación normal de pecho cuando se recorren largos trayectos o hay mucho oleaje puede ser disminuido mediante la natación dorsal. Cuando los nadadores practican la natación en agua fría corren a menudo grave peligro por la aparición de espasmos musculares. También en este caso el bañista puede salvarse nadando de espaldas con suaves movimientos natatorios que posibilitan una relajación muscular y una recuperación de sus fuerzas. El casquete es también un eficaz auxiliar para el nadador que quiere salvar a alguien de ahogarse y transporta a dicha persona en posición supina.

Deportistas, como jugadores de hockey sobre hielo, esquiadores, motoristas, ciclistas, pueden utilizar el casquete realizado de manera apropiadamente más fuerte como casco protector de la cabeza contra las solicitaciones mecánicas y contra el frío.

Según el destino y empleo del casquete éste puede conformarse de manera adecuada, mediante estampación plástica, elementos decorativos y coloraciones conforme a la moda, o por ejemplo, dotándole de inscripciones y/o de imágenes para fines publicitarios".

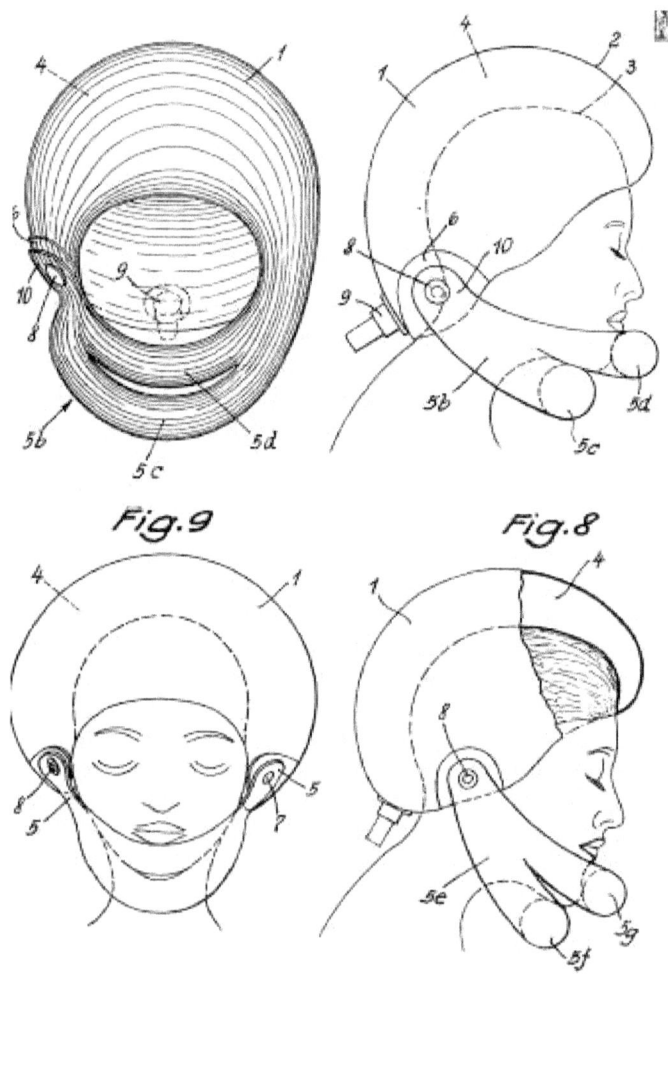

Fig.9 Fig.8

Cuando salgas del baño con ese atuendo seguro que no pasas desapercibido. Pero en playas muy concurridas a veces es fácil despistarse y no resulta sencillo encontrar donde estabas. Pues también alguien pensó en eso.

Dispositivo señalizador de posición para personas en playas

Inventor: Jorge Águila Márquez
ES1039306 U
01-12-1998

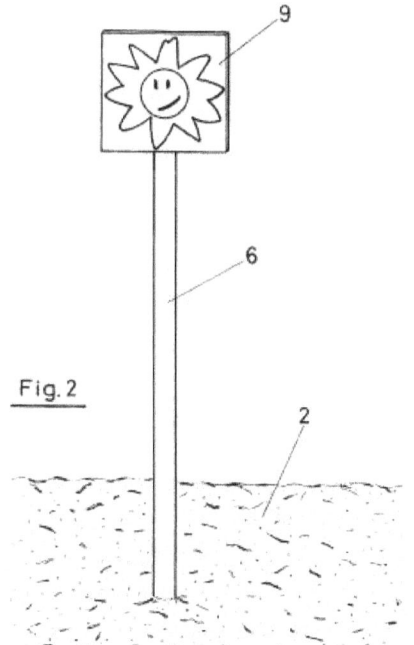

Fig. 2

"Es sabido, que actualmente las personas que se encuentran en la playa, especialmente los niños, se desorientan fácilmente a causa de la usual uniformidad que presentan las playas, por lo que después de pasear, bañarse, o simplemente distanciarse del lugar en el que han depositado sus enseres personales, tales como la toalla, bolsa, etc., es bastante corriente que les cueste encontrar dicho lugar.

El dispositivo está constituido por una base que sirve como peana de un mástil o pértiga, que en su parte superior presenta un distintivo, figura o similar, fácilmente reconocible por la persona que se encuentra en la playa, lo cual le permite su fácil orientación.

Dichos dispositivos pueden distribuirse uniformemente por la playa, de manera que presenten distintivos distintos entre sí, constituyendo diversos puntos de referencia que permiten que las personas que se encuentran en la playa, puedan orientarse fácilmente gracias a la identificación de dichos distintivos con determinados lugares, como por ejemplo el lugar en que se han instalado cuando han llegado a dicha playa."

....

Y si después del baño quieres secarte puedes hacerlo mientras conduces tranquilamente camino de tu casa.

Prenda para guiar el aire

AIR FLOW GUIDE FOR GARMENT SLEEVE
Inventora: Sondra Littlejohn
US5722571 A
03-03-1998

"Muchas personas no se montan en vehículos con aire acondicionado para diversas razones...

Muchos pasajeros en un vehículo de motor, en especial el conductor, prefieren ir con la ventana abierta y un brazo en apoyado en la ventana...

La presente invención proporciona una prenda de vestir mejorada para guiar el flujo de aire..."

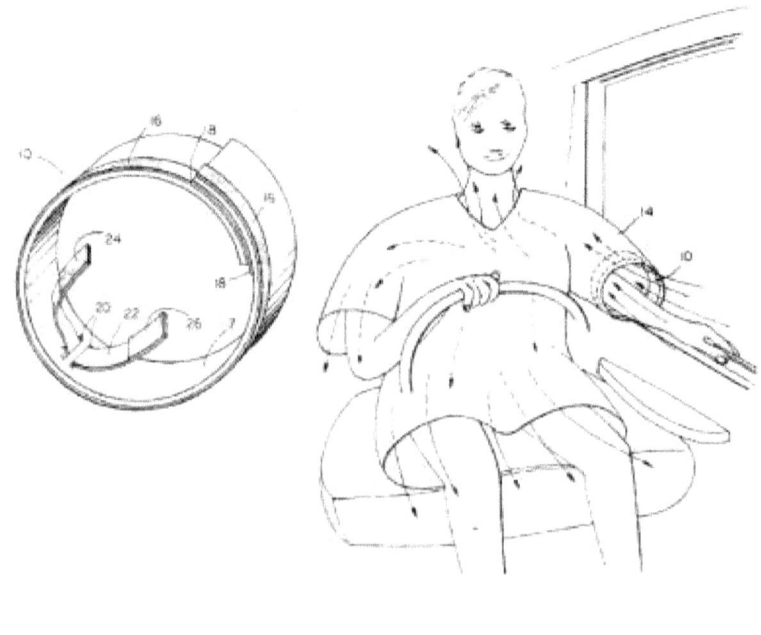

¿Y para los días fríos? Pues también hay una solución basada en un sistema similar. Solo tienes que conectar este traje al tubo de escape y tan ricamente.

Un dispositivo para calentar personas que conducen motocicletas o vehículos automóviles

Inventor: Oskar Wilhelm Konrad Roehr
ES8204949 A1
11-10-1980

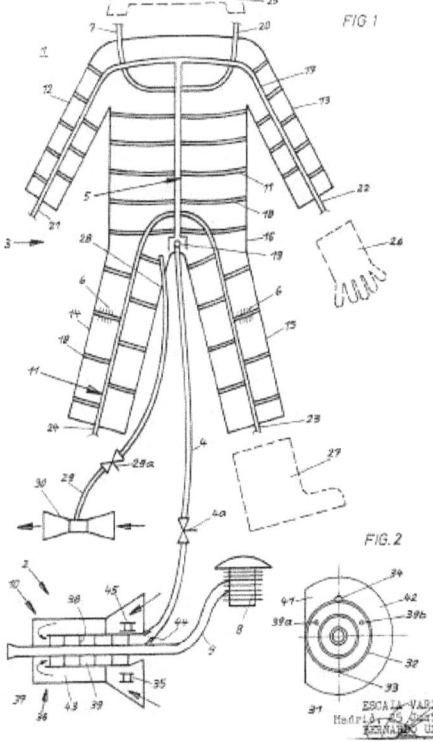

"El invento, consiste:

a) En un dispositivo generador de aire caliente alimentado por el calor perdido del motor de combustión interna o independiente del motor de combustión interna, y b) en una prenda de vestimenta, tal como chaqueta, chaquetón, anorak, mono, abrigo o similares, en la que está conformado un sistema de canales conductores de aire caliente, así como dotada de un conducto flexible unido al dispositivo generador de aire caliente.

La prenda de vestimenta conformada de manera especial es acoplable a cualquier generador de aire caliente, independientemente de si el aire caliente es generado por el calor perdido del motor de un vehículo, o por un aparato eléctrico de soplado de aire caliente. El campo de aplicación se extiende al mismo tiempo a vehículo de todas clases".

....

Y si éste no convence, quizá quieras probar éste otro.

Traje calefactor

Inventores: José Miguel Fernández de Larrinoa Zufiaurre,
Eladio Fernández de Larrinoa Zufiaurre
ES1003768 A
01-08-1988

"De acuerdo con la invención, este traje lleva instalado, en cada una de las zonas situadas a la altura de las articulaciones de los miembros, cintura, cuello y columna vertebral, una resistencia eléctrica de pequeña potencia.

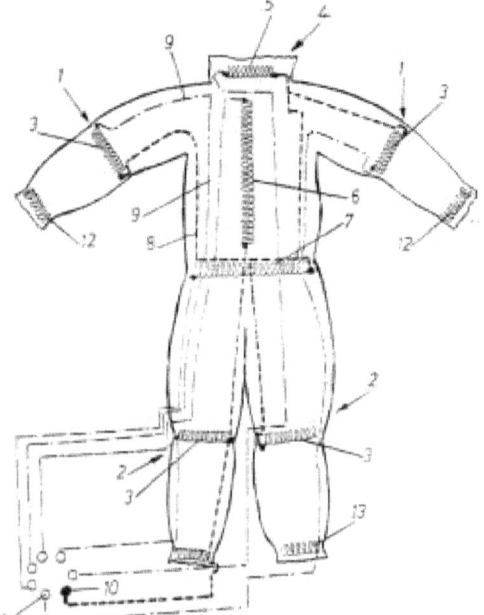

Todas las resistencias eléctricas van conectadas mediante una instalación común a una fuente de alimentación. La instalación irá dotada de un selector mediante el que se activa la resistencia o resistencias deseadas, así como de un regulador de potencia para variar la intensidad calorífica de las resistencias activadas...

Las resistencias eléctricas serán de características tales que no lleguen a alcanzar elevadas temperaturas ni estado incandescente, con lo cual no existe riesgo de deterioro de la prenda en que va instalada".

....

¡Ni se te ocurra usarlo en días de lluvia! Mejor quédate en casa jugando con tus hijos y el siguiente invento.

Dispositivo para variar caprichosamente el apéndice nasal de figuras de personas o animales

Inventor: Manuel Ibañez Segarra
ES0119098 U
01-05-1966

"Consiste esencialmente, en la figura de una cabeza de persona o animal, en la cual se ha suprimido precisamente el apéndice nasal, habiéndose dispuesto una cadenita o similar, solidaria por sus dos extremos de los puntos en que lógicamente principia y termina la nariz de dicha figura siendo susceptible dicha cadena o similar, de adoptar múltiples posiciones mediante un ligero movimiento de la cartulina o similar, sobre la cual se ha dispuesto la cabeza de persona o animal. Lográndose con un ligero movimiento del conjunto, variar la posición de la cadena y obtener un número indefinido de posiciones, a cual más cómica, que despiertan la hilaridad de los espectadores".

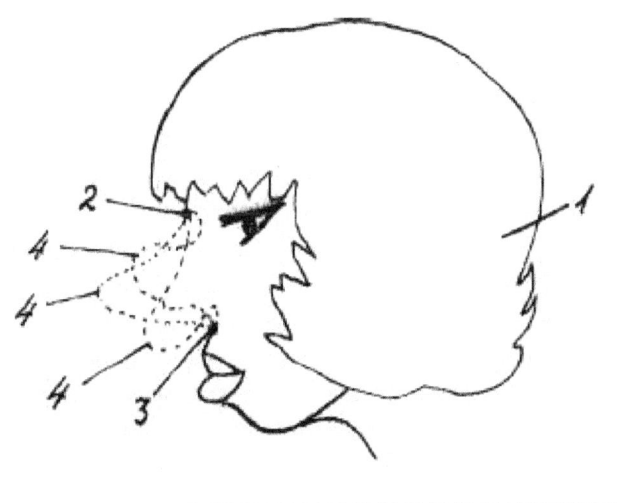

¡Manda narices! Horas de diversión aseguradas, lo mismo que con el siguiente invento.

Muñeco de Jesucristo con cabeza y extremidades móviles

DOLLS FORMED IN THE LIKENESS OF THE LORD JESUS WITH A
MOVABLE HEAD AND EXTREMITIES
Inventora: Linda M.S. Dumondy
US5456625 A
10-10-1995

"Existe una necesidad continua de nuevos y mejores muñecos hechos a semejanza del Señor Jesús con una cabeza y extremidades móviles, que pueden ser utilizados para inspirar, educar y entretener a los niños. En este sentido, la presente invención satisface sustancialmente esta necesidad.

La presente invención difiere sustancialmente de los conceptos y diseños convencionales y al hacerlo, proporcionar un instrumento desarrollado principalmente con el propósito de inspirar, educar y entretener a los niños con un muñeco formado a semejanza del Señor Jesús".

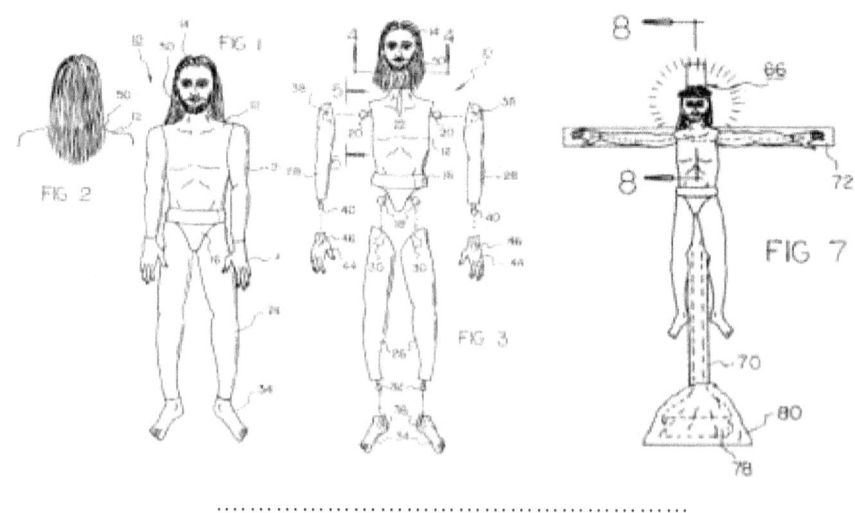

¿Curioso? Pues no es el único invento en esta línea

Muñeco de Jesús para enseñar a niños

JESUS DOLL FOR TEACHING CHILDREN
Inventor: Daniel Trevino
US6007404 A
28-12-1998

"La presente invención se refiere a un muñeco con la forma de una caricatura de Jesús. Más particularmente, la presente invención se refiere a un muñeco hablador de Jesús para enseñar a los niños sobre la vida y enseñanzas de Jesucristo".

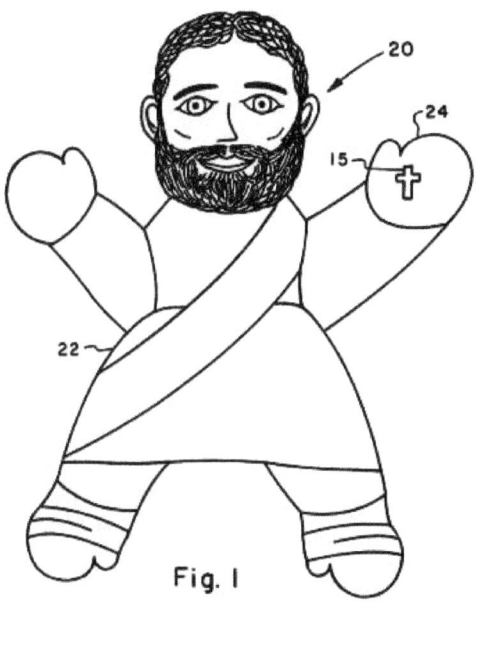

Fig. I

Un invento "*divino*" de Mr. Trevino, a quien seguro que cuando se le ocurren estas ideas "*se le enciende una bombilla*" como la de la siguiente patente.

Lámpara eléctrica con bombilla o ampolla en forma de cruz

Inventor: José María Jonama Darnaculleta
ES0023552 U
16-07-1950

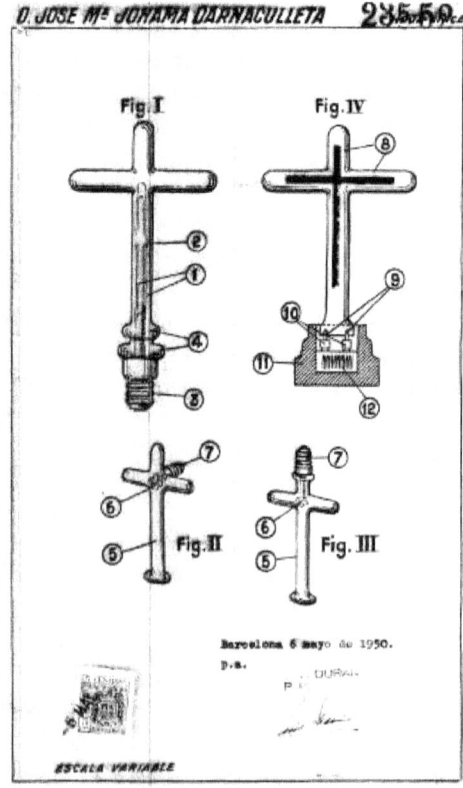

"En varios países extranjeros se ha generalizado el uso en ornamentaciones y solemnidades religiosas de unas lámparas eléctricas cuya bombilla o ampolla de vidrio afecta la forma de una cruz. Siendo esta lámpara nueva en España, y proponiéndose el recurrente fabricarla en nuestro país, solicita que se le garantice en su propiedad y exclusiva explotación mediante la concesión del modelo de utilidad a que se refiere la presente memoria descriptiva".

....

Interesante patente en la que el solicitante ni siquiera es el inventor. Aunque no se puede negar que la idea es *"brillante"*.

En la misma línea de invenciones consistentes en objetos religiosos inverosímiles, está la siguiente patente en la que los inventores pusieron tanta *"fe"*, que hasta crearon una empresa para comercializar el invento.

Un rosario simulado para ser colocado en un corto segmento del contorno de un volante de conducir

Solicitante: The Wheel Rosary Co. Inc.
ES0133481 U
01-03-1968

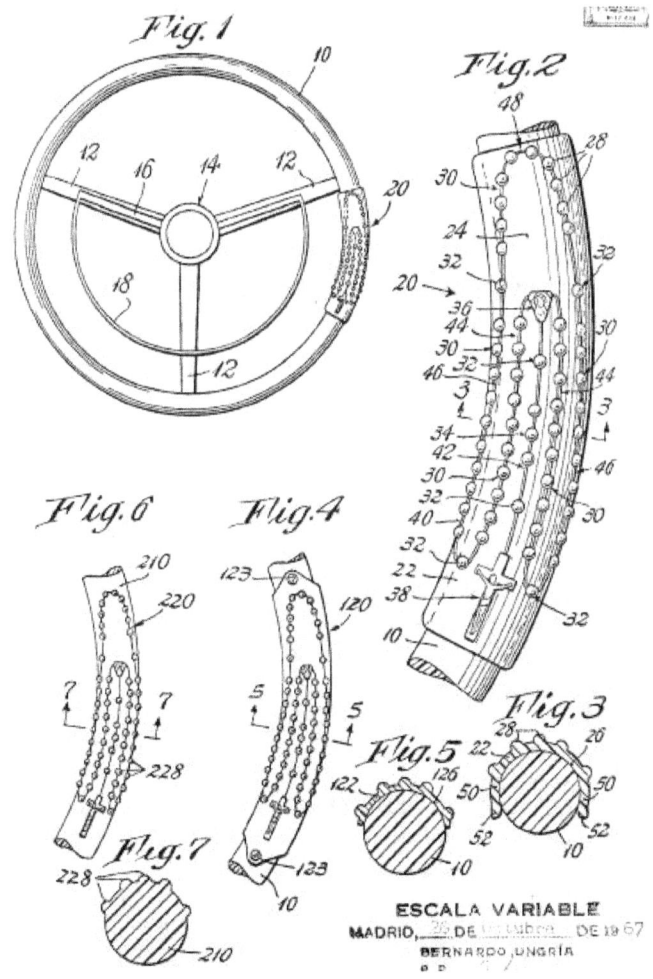

"Un rosario simulado para ser colocado en un corto segmento del contorno de un volante de conducir para ser manipulado con una mano, el cual está provisto en su superficie superior de una pluralidad de porciones de cuentas sobresalientes que forman una vuelta sinfín de porciones de cuentas, las cuales están situadas entre los diámetros interno y externo del contorno del volante, teniendo dicha vuelta sinfín una porción entrante que penetra en la misma para formar una pluralidad de filas estrechas de décadas de cuentas dispuestas en parejas de filas adyacentes arqueadas sustancialmente concéntricas entre sí y con el borde o contorno del volante, estando compuesta cada pareja por una fila interna y otra externa unidas en un extremo de cada fila por una cuenta aislada, y estando unidas las filas internas entre sí, mientras que las extremas lo están también por sus respectivas extremidades opuestas por medio de una década de cuentas adicional y una cuenta aislada en cada extremidad de la misma, siendo dichas porciones de cuentas dentro de dichas filas adyacentes, aunque estando separadas entre sí a una distancia suficiente para permitir el discernimiento al tacto de cada una de ellas con los dedos de una mano, y siendo asimismo dichas porciones de cuentas inamovibles entre sí".

....

Otra redacción sin puntos. ¡Menuda "*letanía*"!

Lo cierto es que en lo tocante a rosarios existen tantas patentes curiosas que es fácil "*perder la cuenta*". He aquí algunos ejemplos:

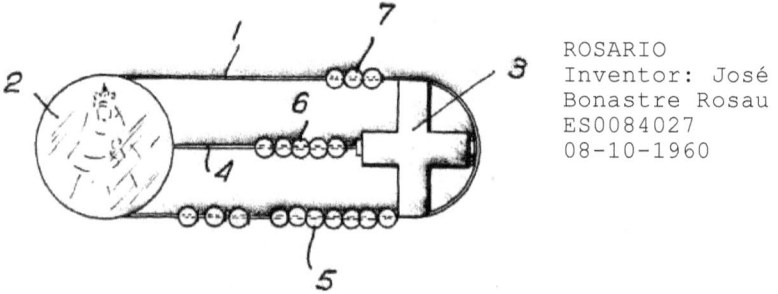

ROSARIO
Inventor: José
Bonastre Rosau
ES0084027
08-10-1960

"Un nuevo rosario que puede ser utilizado con una sola mano" del que cada uno puede pensar lo que quiera.

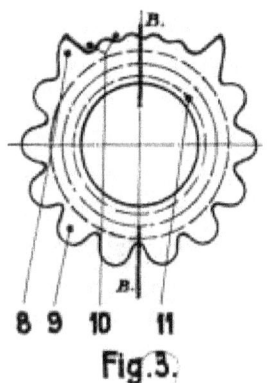

ROSARIO PARA PASEO Y VIAJE
Inventor: Fernando Amilibia Galdós
ES0122599 U
01-10-1966

"Un rosario para paseo y viaje, que mejora notablemente los conocidos destinados al indicado fin, ya que permite contar los cinco misterios, además de las diez Avemarías…"

8 9 10 11

Fig.3.

DISPOSITIVO ELECTÓNICO PARA EL REZO DEL ROSARIO
Inventores: Joan Figueras Vila, Jaume Clave Cinca
ES1055030 U
01-10-2003

"El funcionamiento del rosario electrónico es muy simple, ya que se trata de establecer un mecanismo que contabilice las oraciones, en número de 10, que conforma cada uno de los 5 "misterios" mediante una ligera presión sobre el pulsador correspondiente cada vez que se finaliza la oración".

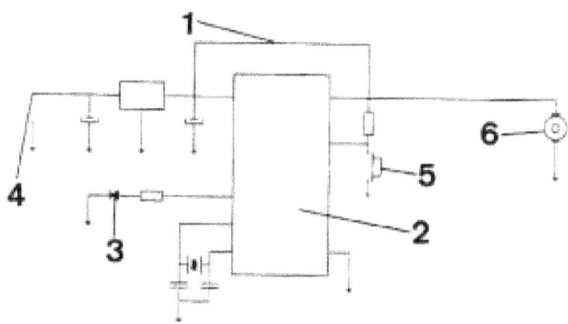

El rosario sin rosario

....

Para ir al cielo sin tener que rezar el rosario puedes usar el siguiente invento. Aunque… quizá no venga mal rezar antes de probarlo.

Un coche volador

Inventor: Vicente Matas Turón
ES0273044 A1
01-04-1962

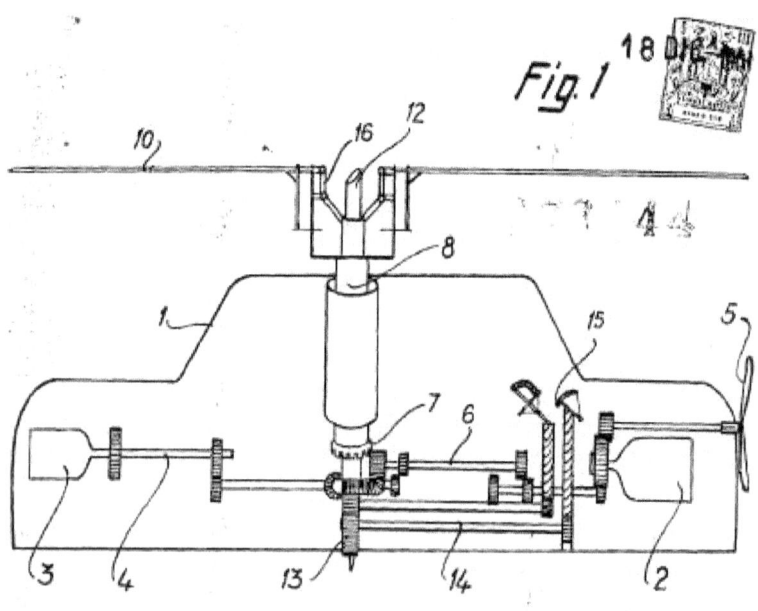

Fig. 1

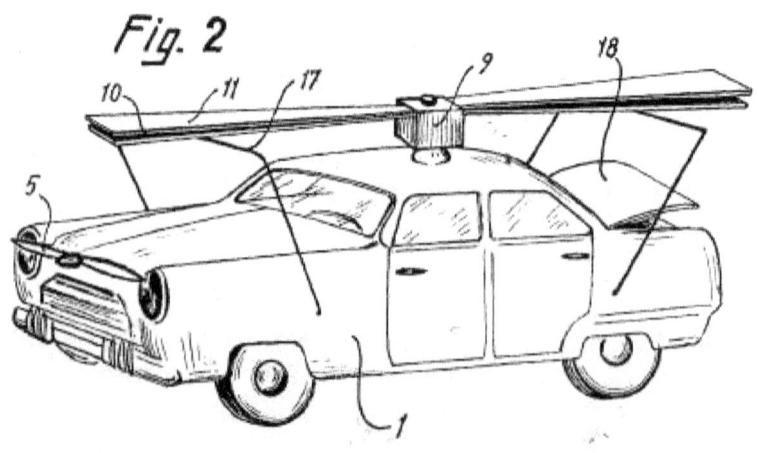

Fig. 2

"La presente invención se refiere a un coche volador, el cual presenta como características esenciales, el estar dotado de una hélice anterior de elevación, y unas aspas superiores de estabilización, siendo la hélice anterior montada desplazable para colocarse en posición de trabajo o reposo, y estando previstas las aspas de forma que unas puedan girar 90° para quedar dispuestas sobre las otras fijas, de forma que en la utilización como vehículo terrestre quedan las aspas dispuestas en dirección al sentido de avance, y sostenidas por unos tirantes que evitan sus posibles vibraciones, cuyos tirantes están fijos en la carrocería y pueden girar sobre la misma para replegarse sobre ella cuando se utilizan las aspas. Para prevenir un funcionamiento adecuado del vehículo, se han previsto en el mismo dos motores, uno delantero y el otro trasero, los cuales a través de adecuadas transmisiones engranan con los arboles de giro de las aspas, y además el motor delantero con los engranes propios de la hélice anterior. Los engranes se efectúan por palancas de mano dispuestas cerca del conductor, y se ha previsto asimismo una palanca de mando para levantar hacia arriba, mediante un mecanismo de piñón y cremallera, uno de los dos juegos de aspas para efectuar su giro y colocarlo extendido sobre el otro juego. Esto se logra al estar constituido el cuerpo de sujeción de cada juego por un cajetín rectangular que casan entre sí, determinando en ellos dos posiciones determinadas. Para la elevación del aparato se ha previsto además que las aspas sean oscilantes, de forma que puedan girar con respecto al cajetín, dando una posición predeterminada e igual en todas las aspas. Este mecanismo incluye unos juegos de palancas accionables por el propio conducto. Con el fin de facilitar la explicación, se acompaña a la presente memoria una lámina de dibujos en la que se ha representado un caso de realización que se cita a título de ejemplo".

....

Ni el mismísimo agente 007 soñó con tener uno de estos. ¿Qué no te gusta el estilo años 60? ¿Qué tú eres más moderno y lo tuyo es un vehículo más tipo guerra de las galaxias? Pues también hay un invento para ti.

Motocicleta voladora

Inventor: Francisco Martínez Gil
ES2553473 A1
09-12-2015

"La presente invención se encuadra en el sector de la industria aeronáutica y de la automoción. Se refiere a la fabricación de una motocicleta que vuela, para transporte de personas y equipaje. La sustentación para elevación y desplazamiento de esta motocicleta, en el aire, es generada por fuerzas aerodinámicas producidas por hélices. Estas hélices producen indirectamente un flujo de aire hacia abajo que es aprovechado para modificar las condiciones de vuelo y actuaciones. La motocicleta podrá ascender, descender y posarse sobre cualquier superficie, tierra, agua, nieve, etc. gracias a los apoyos desmontables opcionales de los que va provista".

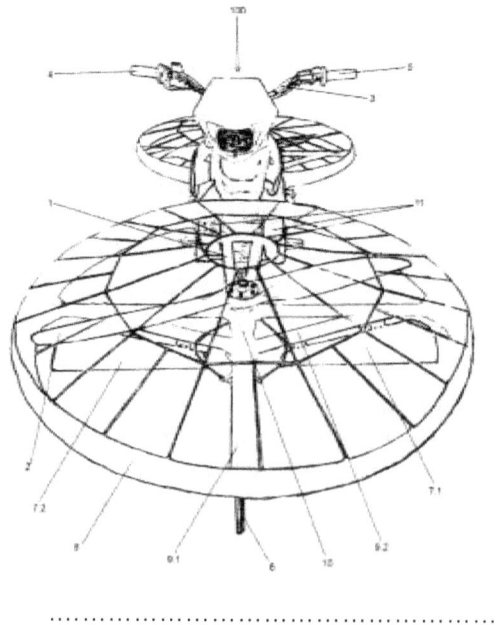

....

¿Coche o moto? Y ¿por qué no las dos cosas en un mismo vehículo? Eso sí, este invento de la compañía Ford sólo se mueve por tierra.

Monociclo autopropulsado acoplado con el vehículo

SELF-PROPELLED UNICYCLE ENGAGABLE WITH VEHICLE
Inventores: Johannes Huennekens, Samuel Ellis, Greg
Foletta, Lauri Mikael Ohra-aho
US9211932 B1
15-12-2015

"Un monociclo autopropulsado selectivamente acoplado con un vehículo para su uso con el vehículo o selectivamente desacoplado del vehículo para su uso independiente. El monociclo autopropulsado incluye un eje y una rueda giratoria acoplada al eje. Un motor está soportado sobre el eje y está acoplado a la rueda para hacer girar. El eje incluye un dispositivo para enganchar y desacoplar el vehículo".

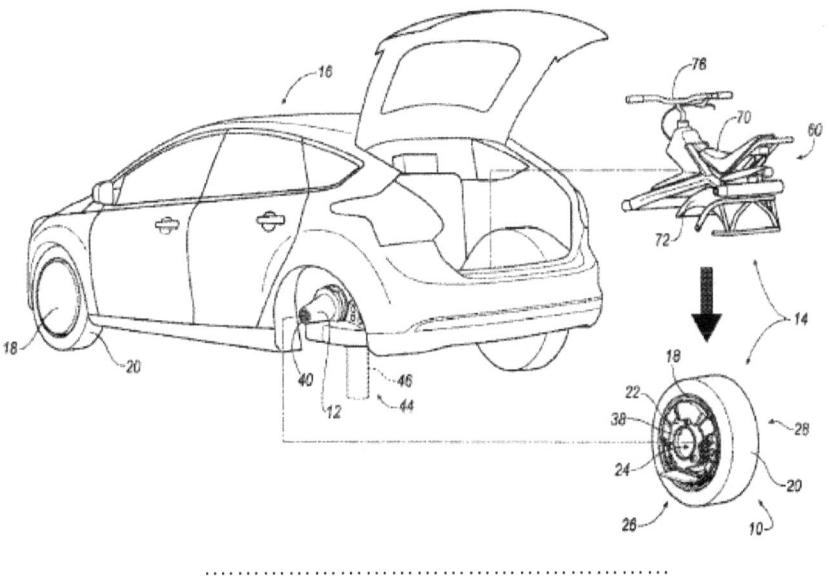

Un "*cochemoto*" para moverse por los atascos sin problemas y con la ventaja de que dejas el coche a tres ruedas y a ver quién es el guapo que te lo roba así o cómo te lo lleva la grúa, si lo dejas mal aparcado. Aunque para moverse rápido lo que viene a continuación.

Catapulta humana de vuelo libre

Inventor: Theodore F. Wiegel
ES2170420 T3
01-08-2002

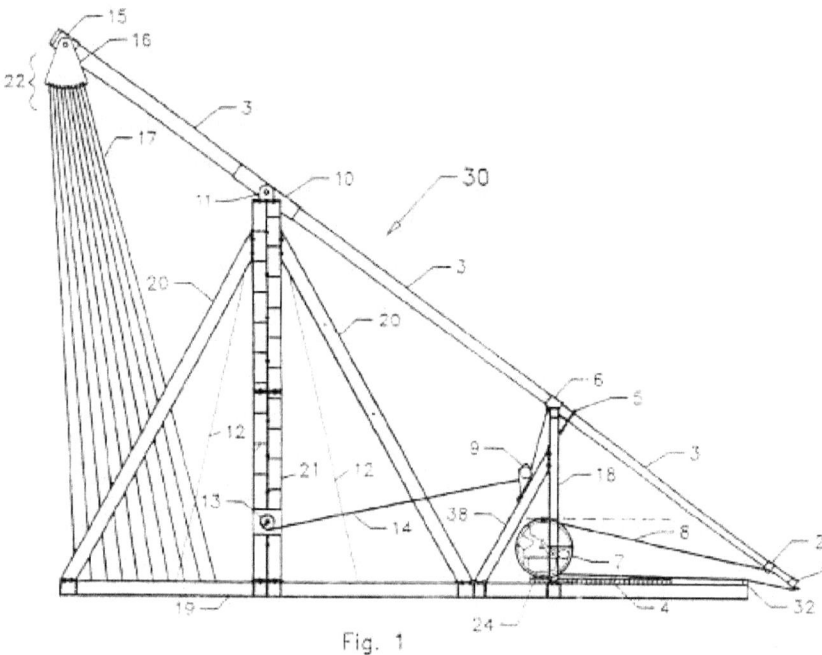

Fig. 1

"Esta invención es una atracción de montar en ferias para catapultar una persona encerrada en una cápsula (7) al aire. La atracción de montar comprende una catapulta (30) de tipo asiento y una cápsula conectada (7) liberable. En la posición de lanzamiento, un mecanismo de liberación (31) es disparado por el operario, y el que monta (24) es catapultado al aire a un régimen de aceleración fisiológicamente seguro a lo largo de un arco predecible de vuelo libre. Cuando se alcanza una elevación aceptable, el que monta es separado de la cápsula (7) y devuelto suavemente a tierra usando un paracaídas que despliega automáticamente o dispositivo similar. Una realización alternativa prevé el uso de un dispositivo similar para proyectar un vehículo de transporte a lo largo de un carril horizontal similar a una piedra saltando por el agua".

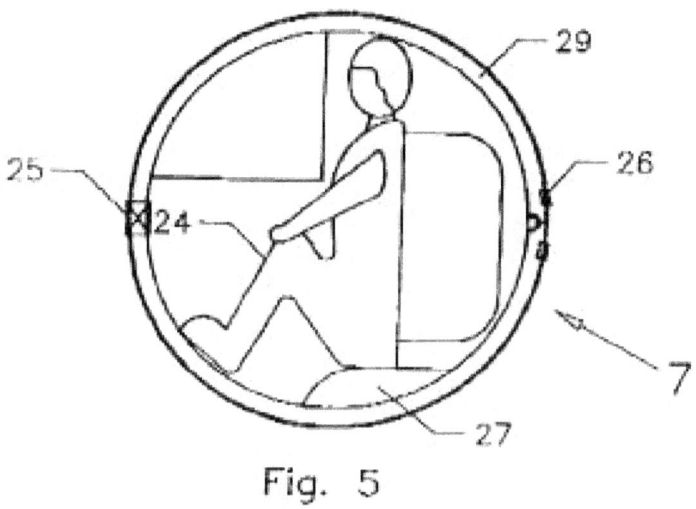

Fig. 5

Por cierto... ¿a qué me recuerda este invento?...

Otros artilugios para auto-propulsarse de clara inspiración en las ocurrencias de Wile E. Coyote son los que siguen:

MOTOR DE PROPULSION DE PATINES
Solicitante: Industrias Gallo, S.A. ES)
ES0263305 U
01-11-1982

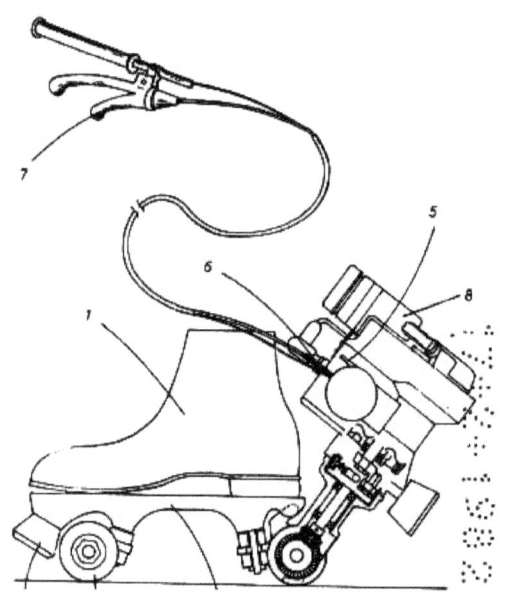

FIG. 1

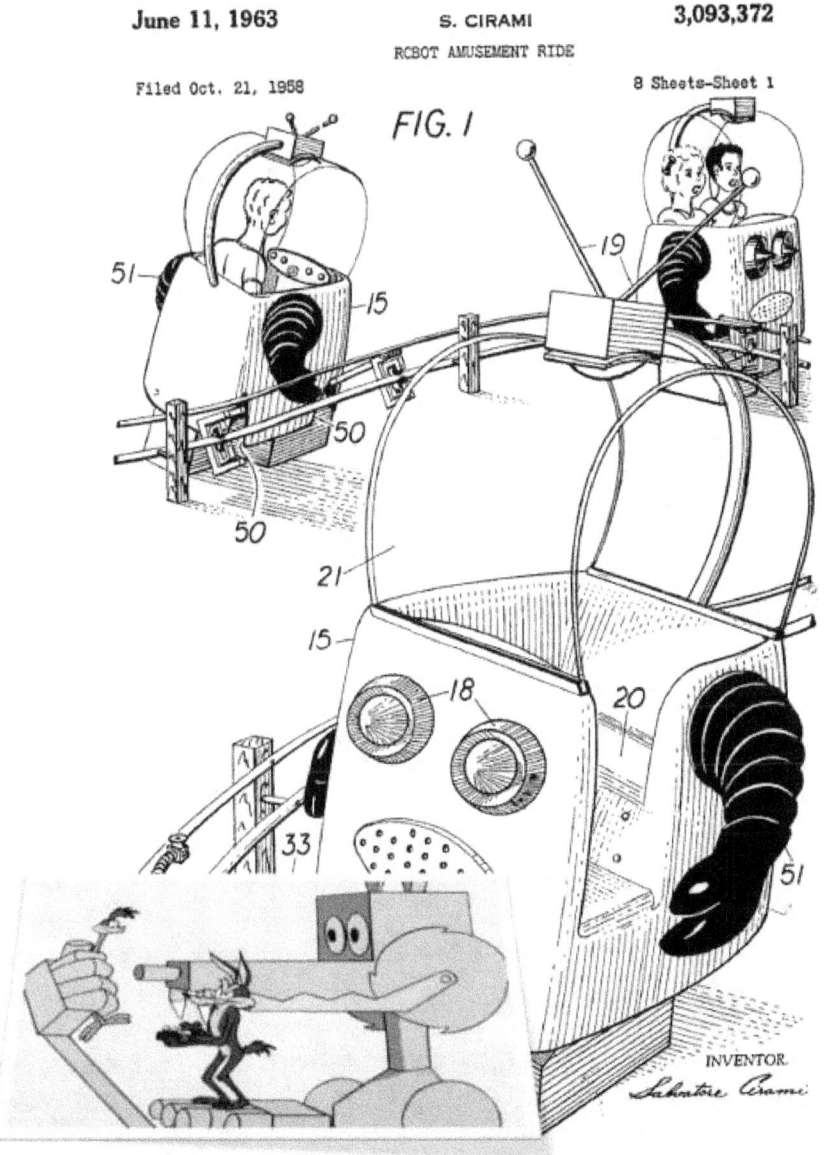

INVENTOR.

Salvatore Cirami

SKATEBOARD WITH SAIL ASSEMBLY
Inventor: Jose A. López
US8240714 B2
14-08-2012

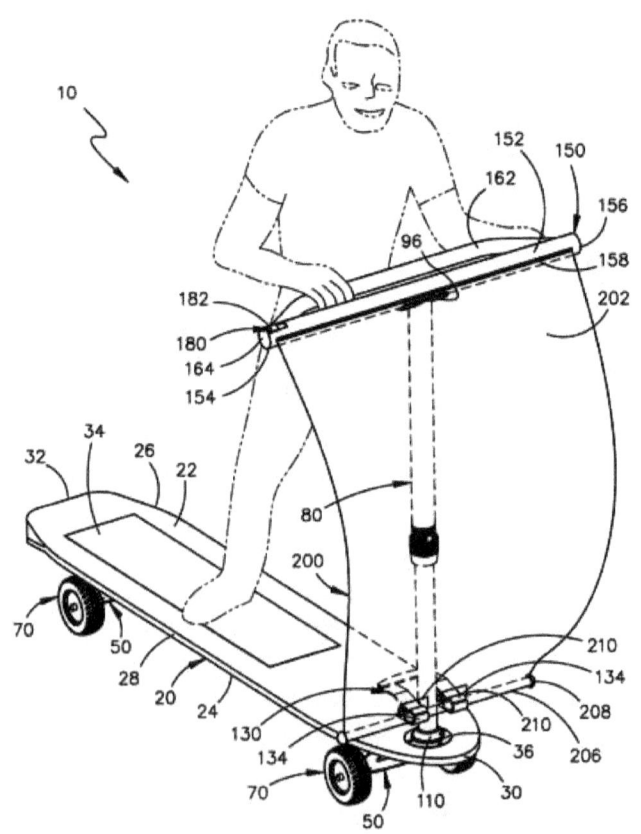

PERSONAL PROPULSION DEVICE
Inventor: Raymond Li
US7258301 B2
21-08-2007

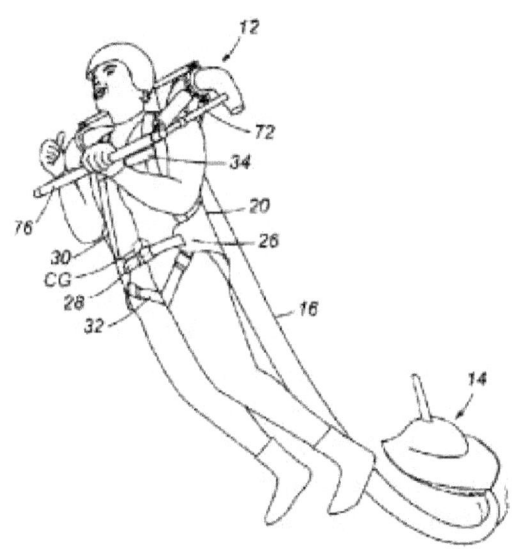

Y si hay algún accidente, aquí tenemos, aunque no sea marca ACME, un detector de accidentes.

Método y dispositivo para saber si se ha atropellado a un peatón

METHOD AND DEVICE FOR RECOGNITION OF A COLLISION WITH A PEDESTRIAN
Inventores: Bernhard Mattes, Gottfried Flik
US6784792 B2
31-08-2004

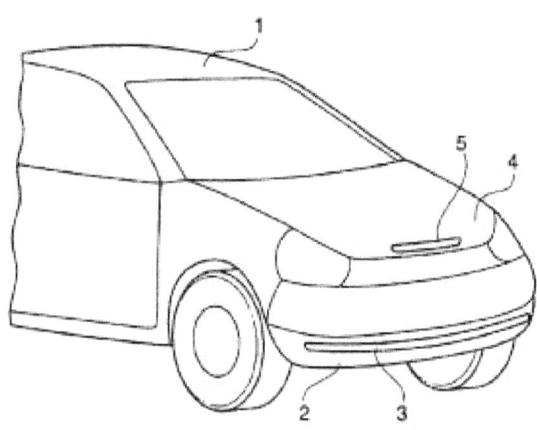

"Se describe un método que permite decidir con una alta fiabilidad si un impacto con la parte delantera de un vehículo ha sido causada por un peatón. Se usan dos criterios de decisión y sólo si se cumplen ambos se concluye que se ha producido un impacto con un peatón. El primer criterio de decisión se determina en base a las presiones o deformaciones medidas por un sensor en el parachoques y un sensor en la zona del borde delantero del capó del motor, que se comparan con cantidades de referencia típicas de un impacto con un peatón. El segundo criterio de decisión se determina en base a los cambios en la velocidad y/o aceleración del vehículo causada por un impacto, que se comparan con cantidades de referencia que son típicas de un impacto con un peatón.

....

Una impactante patente. La que viene a continuación, por el contrario, fue concebida para precisamente evitar impactos.

Alas de seguridad para motoristas

SAFETY SYSTEM FOR REMOVING A RIDER FROM A VEHICLE BY
DEPLOYING A PARACHUTE
Inventor: Troy Jackson
US5593111 A
14-01-1997

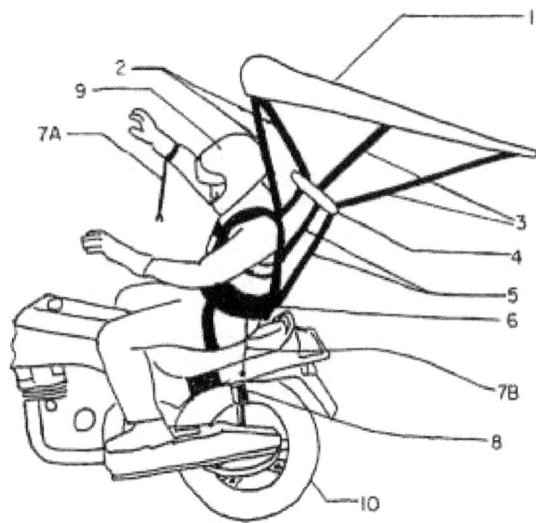

"Se presenta un método y aparatos para la reducción de la velocidad de un conductor de un vehículo de cabina abierta cuando este sale eyectado. La presente invención proporciona un dispositivo para disminuir la velocidad de eyección, tal como un paracaídas o un ala que se fija al piloto de modo que cuando se produce un accidente y el piloto sale despedido hacia delante, se ralentiza la velocidad de expulsión. Por lo tanto, hay más probabilidades de sobrevivir al accidente sin lesiones graves. La presente invención se usa preferiblemente en conjunción con una motocicleta e incluye un sistema sensor para detectar la inminencia o la ocurrencia de un accidente o la expulsión del piloto del vehículo. Un sistema receptor-transmisor se utiliza para transmitir una señal a un sistema de despliegue, que al desplegar el ala reduce la velocidad del piloto eyectado y depositando a motorista a distancia del lugar del accidente".

....

¿Es un pájaro? ¿Es un avión?... ¡No!, es un motorista que acaba de tener un accidente.

Claro que mejor es no caerse y eso es lo que parece que persigue el siguiente invento patentado, junto con otros, por Michael Jackson.

Método y medios para crear una ilusión anti-gravedad

METHOD AND MEANS FOR CREATING ANTI-GRAVITY ILLUSION
Inventores: Michael J. Jackson, Michael L. Bush, Dennis Tompkins
US5255452 A
26-10-1993

"Un sistema para permitir que un usuario se incline hacia delante más allá de su centro de gravedad gracias a un par de zapatos especialmente diseñados que se enganchan a un elemento de enganche que sobresale de una superficie de escenario. Los zapatos tienen una ranura en el talón especialmente diseñada para puede ser acoplada al elemento de enganche del escenario, simplemente deslizando el pie del portador del zapato hacia adelante".

Pero no es Mikel Jackson el único personaje popular que ha patentado algún invento. Veamos algunos que otro ejemplo de "*famosos*" inventores.

Hedy Lamarr, inventora, de un sistema de comunicación cifrado en el que están basados los modernos teléfonos móviles.

```
SECRET COMMUNICATION SYSTEM
Inventores: Antheil George, Markey Hedy Kiesler
US2292387 A
11-08-1942
```

Zeppo Marx, inventor de un pulsómetro.

```
CARDIAC PULSE-RATE MONITOR
Inventores: Herman Albert Dale, Marx Herbert Zeppo
US3473526 A
21-10-1969
```

Jamie Lee Curtis, inventora de un pañal desechable con un bolsillo externo que contiene toallitas húmedas.

```
INFANT GARMENT
Inventora: Jamie L. Curtis
US4753647 A
28-06-1988
```

Prince, inventor de un instrumento de música consistente en un teclado electrónico portátil.

```
PORTABLE, ELECTRONIC KEYBOARD MUSICAL INSTRUMENT
Inventor: Prince R. Nelson
USD349127 S
26-07-1994
```

Marlon Brando, inventor de un dispositivo para tensar un tambor.

```
DRUMHEAD TENSIONING DEVICE AND METHOD
Inventor: Marlon Brando
US6812392 B2
02-11-2004
```

El siguiente inventor no es tan famoso como Michael Jackson, pero al igual que él también inventó un sistema anti-caídas.

Dispositivo anti-caída y anti-robo de teléfonos móviles y tablets

Inventor: Santiago Cristóbal Merino Brousse
ES1106530 U
15-04-2014

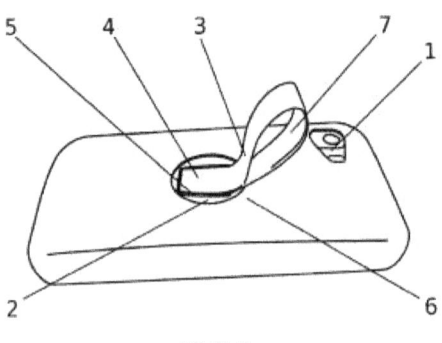

FIG 1

"La presente invención se refiere a un dispositivo anti caída y al mismo tiempo anti robo de teléfonos móviles o tablets, consistente en la sujeción de dichos aparatos a al menos un dedo de la mano, de tal manera que se evite su caída o el típico tirón de ladrones en la calle. Es por ello por lo que viene a resolver dos problemas: evitar las caídas de teléfonos móviles o Tablets por un lado, y evitar el robo por tirón en la vía pública por otro, gracias a que el móvil queda sujeto a la mano del usuario a través de una cinta ligeramente elástica fijada por sus dos extremos al centro de la parte trasera del aparato y en caso de llevar carcasa, atravesando la carcasa".

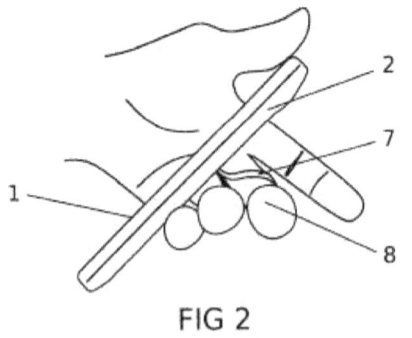

FIG 2

Más simple imposible, ¿verdad? Pues no, la siguiente patente, concebida por el "ingeniero español, vecino de Madrid" D. Ramón García, nos presenta un invento aún más simple.

Cucurucho sonoro

Inventor: Ramón García Navarro
ES0019961 U
16-06-1949

"El modelo de utilidad que solicitamos registrar y reivindicar, consiste esencialmente en un cucurucho de papel, cartulina o cualquier otro material a propósito; es una superficie tronco cónica recta u oblicua, siendo sus bases circulares o elípticas, e incluso puede ser una superficie tronco piramidal recta u oblicua, con las bases perpendiculares al eje. La base menor tendrá un diámetro de aproximadamente cinco milímetros.

Aplicado este cucurucho a los labios, produce al silbar un sonido parecido al de los instrumentos de música (de aire) e incluso más agradable. Permite pasar de una nota musical a otra de una manera gradual (como pasan las sirenas) sin dar los saltos a que obligan los actuales instrumentos de música. No hace falta aprendizaje, ni saber música, bastando saber silbar.

De lo expuesto se deducen las ventajas de: economía, suprime el aprendizaje de los instrumentos de música, mejora la producción de sonidos y puede emplearse como propaganda".

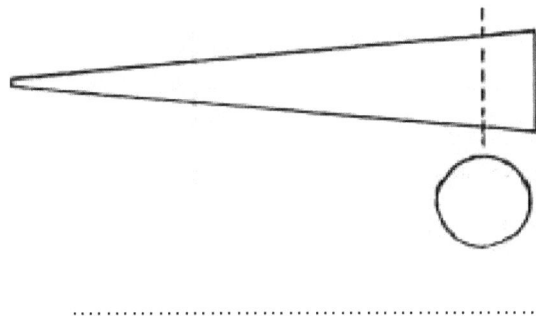

¿Cuantas noches en vela se habrá pasado el hombre hasta dar con el instrumento musical perfecto? Pero la elegancia y simpleza de estos diseños no es exclusiva del ingenio español. El siguiente invento alemán nos propone un ingenio para controlar un catarro de la forma más simple y práctica.

Dispositivo para controlar un resfriado

EINRICHTUNG ZUR BEKÄMPFUNG DES SCHNUPFENS
Inventor: Juergen Hagedorn
DE3416146 A1
07-11-1985

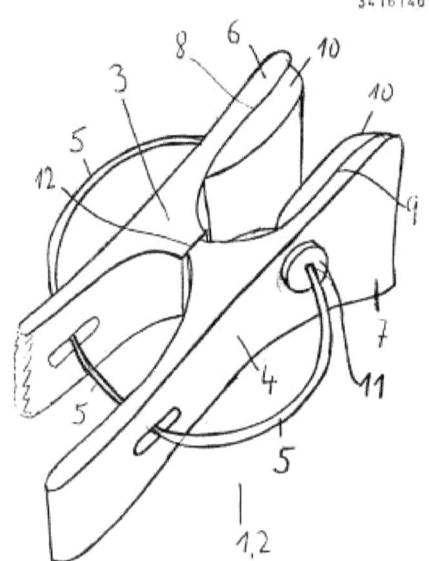

3416146

"Se conocen muchas medidas para combatir los resfriados. Gotas nasales, jarabes y pastillas son los remedios de uso más frecuente que sirven para aliviar, en cierta medida, el resfriado común. La presente invención tiene por objeto aliviar el goteo nasal sin el uso de gotas nasales ni otros medicamentos. La invención se basa en la constatación de que la temperatura de la cavidad nasal aumenta considerablemente cuando se tapan los orificios de la nariz. De esta forma, las bacterias se mueren, o por lo menos se debilitan, en la cavidad nasal. Para este propósito se describe un clip cuya fuerza de sujeción es suficiente para presionar las paredes nasales juntas. Las partes que entran en contacto con la nariz están amortiguadas con un material compatible con la piel y están adaptadas a las paredes nasales".

....

No es que el diseño sea muy elegante pero la eficacia del invento... tampoco es gran cosa. ¡Manda narices!

Sin embargo, a veces, los diseños simples son los más efectivos.

Bolígrafo anti-gravedad

ANTI-GRAVITY PEN
Inventor: Paul C. Fisher
US3285228 A
15-11-1966

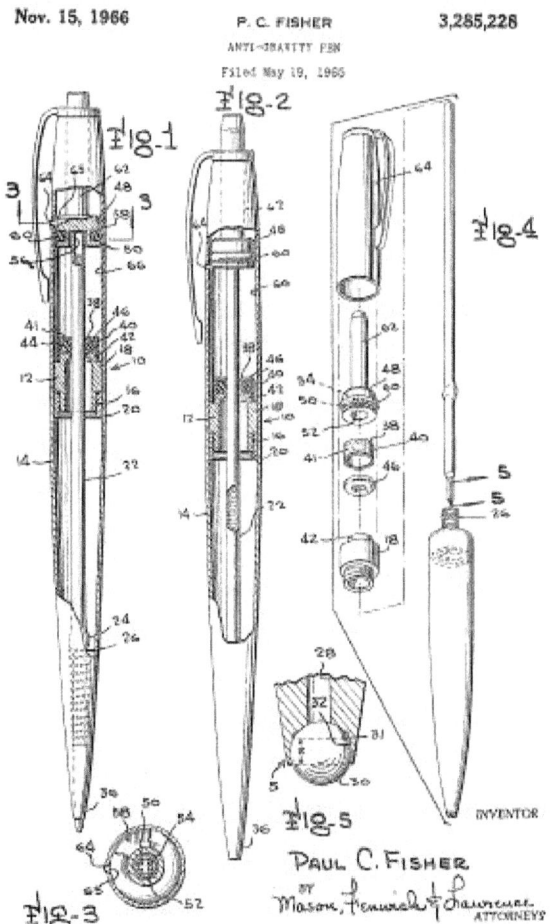

"Esta invención se refiere de una forma genérica a bolígrafos presurizados. Más concretamente, la presente invención se refiere a bolígrafos que se pueden utilizar con la bola en una posición por encima del suministro de tinta.

Ha habido varios intentos de construir un bolígrafo con alimentación presurizada. Sin embargo, hasta la fecha no se ha conseguido comercializar ninguno. Los intentos anteriores para proporcionar un bolígrafo presurizado fracasaron por varias razones, la mayoría por una combinación de elementos que no permiten un suministro de tinta a presión durante un período sustancial de tiempo.

Es el objeto principal de la presente invención, proporcionar un bolígrafo con suministro de tinta a presión que permite escribir cuando la fuerza de la gravedad actúa contra el flujo de tinta".

....

Existe una leyenda urbana que cuenta que la NASA invirtió grandes sumas de dinero para desarrollar un bolígrafo que escribiese en ausencia de gravedad para sus viajes espaciales y que la solución de la Unión Soviética fue tan simple como usar un lápiz. Sin embargo, tanto la NASA como los rusos usaban, al principio, lápices para sus misiones espaciales. De todas formas hay una parte de verdad en el mito, ya que la NASA sí que empezó a desarrollar un bolígrafo espacial hasta que los elevados costes del proyecto hicieron que se cancelase y los astronautas volvieron a utilizar lápices. Sin embargo, la Fisher Pen Conpany sí invirtió cerca de un millón de dólares para desarrollar el bolígrafo anti-gravedad que luego vendieron tanto a la NASA como a los rusos, aunque muy pocas unidades y a un precio bastante bajo.

Un bolígrafo un tanto raro. Aunque más raro aún es el siguiente invento. Otro que, como se verá, también pudiera estar inspirado en aquellos que el Coyote encargaba a la casa ACME (American Company that Makes Everything).

Mecanismo para generar tornados artificiales y métodos para usarlos

ARTIFICIAL TORNADO GENERATING MECHANISM AND METHOD OF
UTILIZING GENERATED ARTIFICIAL TORNADOS
Inventor: Shigeo Matsui
US5096467 A
17-03-1992

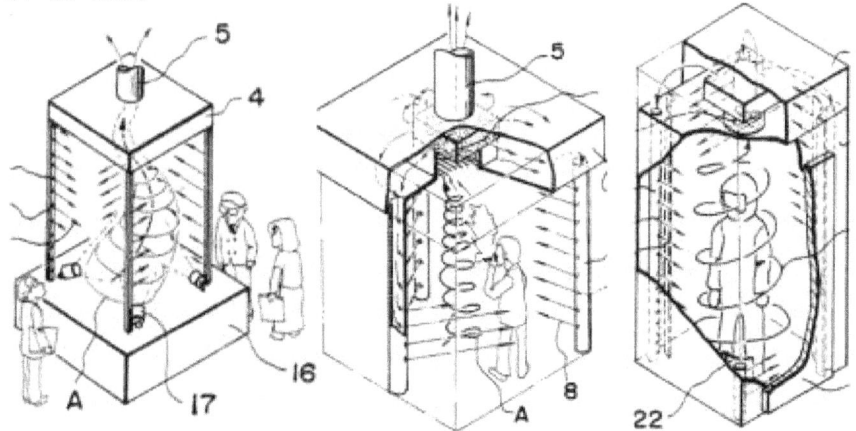

"La presente invención puede usarse para evacuar gases perjudiciales y polvos que, en la actualidad, se evacuan a través de una campana de humos... Un segundo uso de la presente invención es para el enfriamiento o calentamiento local (aire acondicionado)... Un tercer uso de la presente invención es para fines decorativos... Un cuarto uso de la presente invención es como ducha al aire utilizado actualmente para eliminar el polvo del aire... Un quinto uso para la presente invención es que puede ser utilizado para incrementar el empuje de un barco... Un sexto uso es para agitar un fluido... Un séptimo uso es para transmitir una potencia de rotación que, en la actualidad, se transmite mecánicamente generalmente por engranajes o poleas... Un octavo uso es transportar documentos en papel, como en los sistemas de transporte neumático... Un noveno uso de la presente invención es el de transmitir partículas de polvo".

....

Pues se le olvida al inventor que podría servir para capturar al Correcaminos... o, como siempre suele suceder, para que el Coyote acabe siendo víctima de su propia trampa.

No menos espectacular resulta el siguiente dispositivo que usa ondas sonoras para controlar los tornados e incluso los huracanes.

HURRICANE AND TORNADO CONTROL DEVICE
Inventor: Andrew Waxmanski
US20030085296 A1
08-05-2003

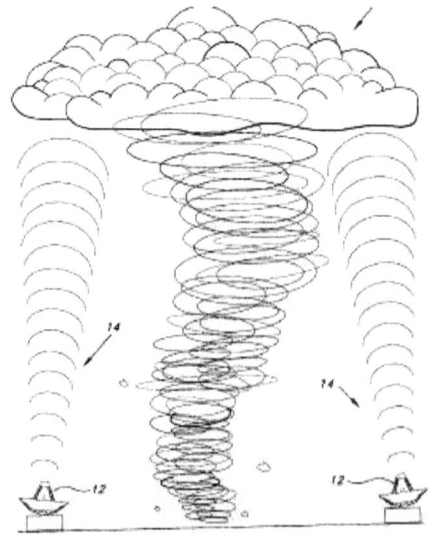

Un invento que quita el hipo, como el que viene a continuación.

Dispositivo para el tratamiento del hipo

DEVICE FOR THE TREATMENT OF HICCUPS
Inventor: Philip Charles Ehlinger, Jr.
US7062320 B2
13-06-2006

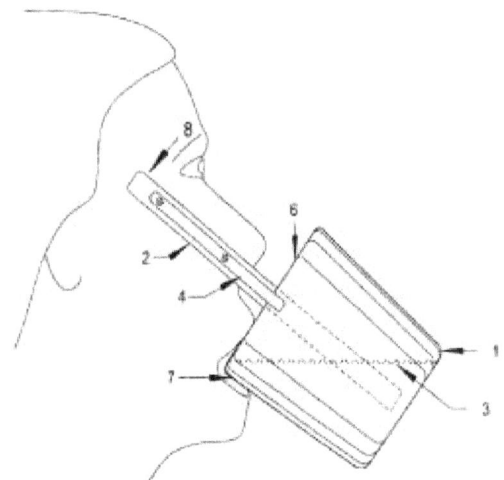

"El objeto de la presente invención es estimular galvanostáticamente los nervios vago y frénico con el fin de interrumpir el hipo involuntario. Para lograr este objetivo se usa un aparato similar a un vaso, diseñado para contener un líquido potable y conductor de la corriente, como por ejemplo el agua del grifo. La presente invención incluye dos electrodos de un material conductor de la corriente eléctrica integrados en el cuerpo del vaso. Los dos electrodos tienen diferentes potenciales electroquímicos. Cuando el vaso se llena con agua, ambos electrodos se encuentran sumergidos dando lugar a una diferencia potencial eléctrico entre ambos. Uno de los electrodos también se configura para hacer contacto con la mejilla cuando se bebe, creándose un circuito eléctrico. La energía electroquímica producida se transporta a los labios, la boca, la garganta y las sienes del usuario. Esto estimula levemente los nervios vago y frénico, lo que corta el hipo de una forma eficaz".

....

Hay que tener mucho ojo con este invento ya que puede quitarte el hipo pero producirte un ataque de risa.

Otro invento con el que también hay que *"tener ojo"* es el siguiente.

Parche para ojo de animal

A-EP PRONOUNCED AS: APE, FOR: A-ANIMAL E-EYE P-PATCH
Inventora: Rose T. Mavritte
US2005267394 A1
01-12-2005

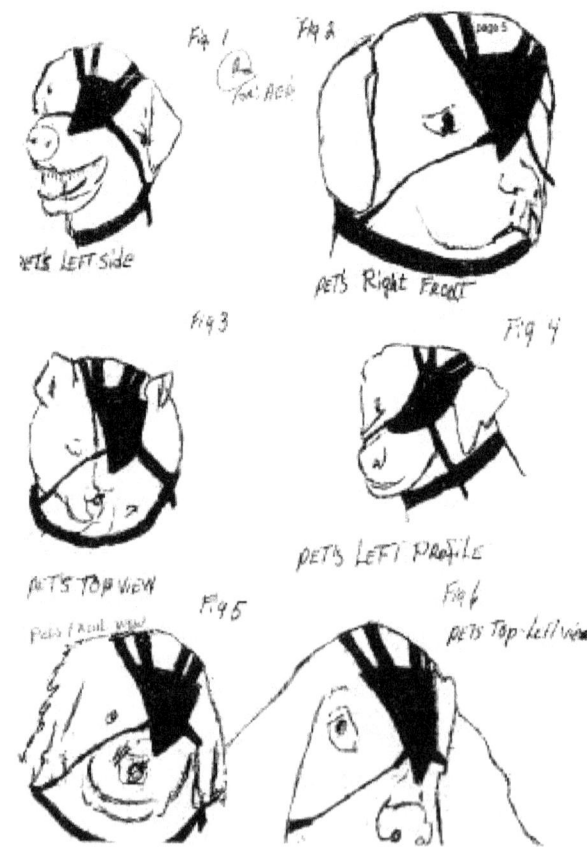

"Cuando uno de mis chow chow tuvo problemas en los ojos conocí el mundo de la oftalmología veterinaria y la necesidad de un elemento como el de mi invención: la A-EP, pronunciado APE. Un parche para el ojo de un animal. Cuando mis dos perros chinos comenzaron a tener problemas en los ojos me di cuenta de la necesidad de contar con un parche que hiciese de cubierta de protección. Mi perro chino más grande no presentaba problemas visibles en los ojos y, de repente, enfermó y fue necesario practicarle una operación de cirugía en cada ojo. Al principio yo no sabía que algunos veterinarios no pueden hacer de todo, incluyendo tratar los ojos de las mascotas. Eso me hizo investigar en el campo de la oftalmología veterinaria. Un mundo en sí mismo. Pero tuve la suerte de encontrar el mejor veterinario oftalmólogo y cuando lleve a mis dos perros chinos vi a muchos otros animales que también tenían problemas oculares, los cuales también podrían beneficiarse de mi A-EP. Durante la visita, y como consecuencia de uno de mis comentarios, el veterinario se quedó mirándome fijamente y me dijo: "muéstrame cómo hacer un parche para el ojo de un perro", ya que no había encontrado nada parecido en internet. Así, surgió el concepto de A-EP".

....

¡Guau! Esto sí que es todo un invento.

De todas formas los perros pueden considerarse afortunados, ya que en esto de los inventos para ojos de animales peor suerte han corrido los gatos.

```
ANIMAL EYE PROTECTOR
Inventor: Michael H. Voelz
US6200585 B1
13-03-2001
```

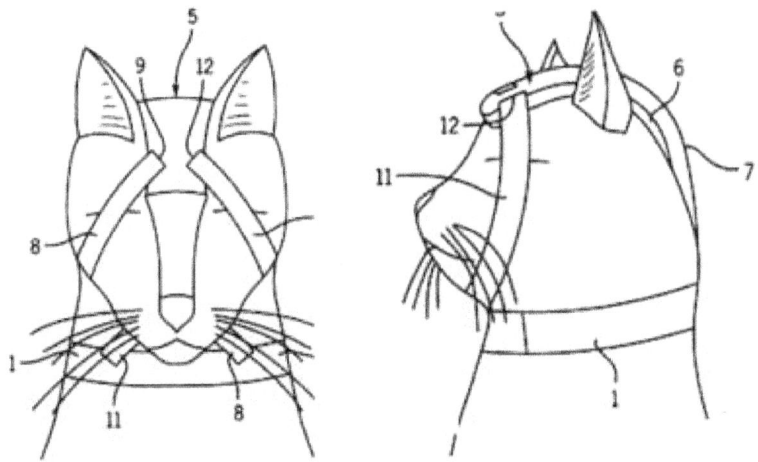

Las aves de corral con problemas oculares también tienen suerte, ya que alguien inventó las gafas para pollos. Y para "reducir la belicosidad" de las gallinas díscolas tenemos las anteojeras para gallinas.

No. 730,918.

PATENTED JUNE 16, 1903.

A. JACKSON, Jr.
EYE PROTECTOR FOR CHICKENS.
APPLICATION FILED DEC. 10, 1902.

NO MODEL.

Fig. 1.

Fig. 2.

Inventor:
Andrew Jackson Jr

Witnesses

By

Attorneys

238

ANTEOJERAS PARA AVES DE CORRAL, ESPECIALMENTE GALLINAS
Inventor: Ramón Zalabardo Moll
ES0127166 U
01-06-1967

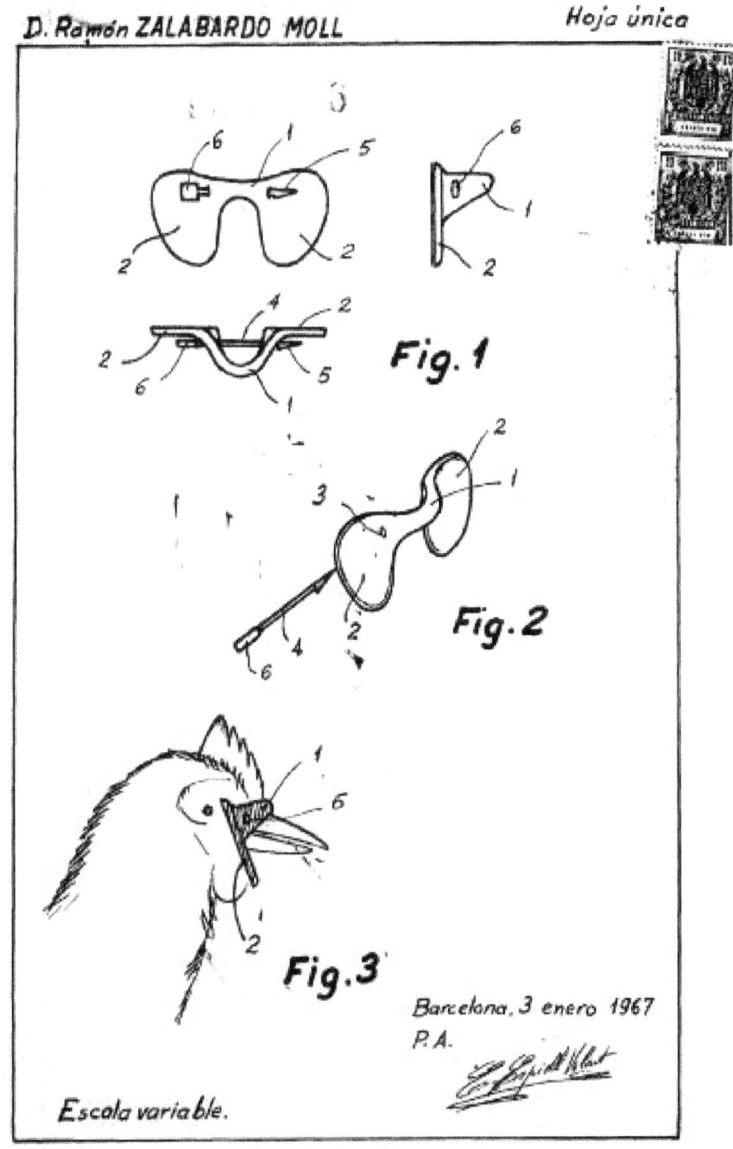

D. Ramón ZALABARDO MOLL   Hoja única

Fig. 1

Fig. 2

Fig. 3

Barcelona, 3 enero 1967
P. A.

Escala variable.

Aunque no sé si será preferible usar alguno de estos inventos o usar las gafas propuestas en la siguiente patente.

Gafas sin montura que se sujetan mediante *"piercings"*

FRAMELESS GLASSES ATTACHING TO BODY PIERCING STUDS
Inventor: John Rose
US6557994 B1
06-05-2003

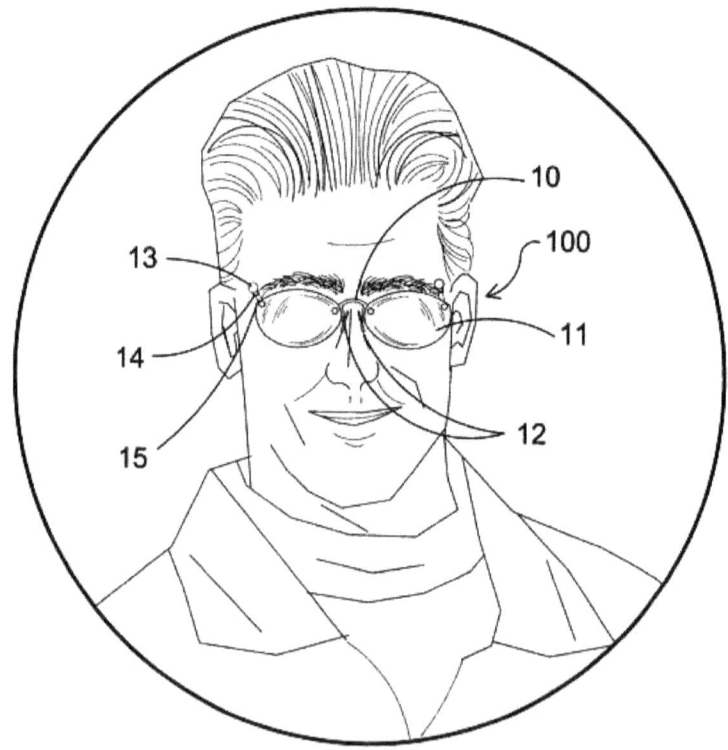

"Un conjunto lentes de vidrio sin montura que se sujetan mediante clavos o piercings fijados al cuerpo. Diseño que consiste en un clip elástico unido fijamente a un brazo metálico que une un conjunto de lentes de vidrio sin marco. Diseño sin montura permite la fijación de las gafas a los clavos de las cejas o a los piercings de nariz de un usuario a través del clip elástico. Una modalidad permite que las gafas puedan ser fijadas a clavos en las cejas y una segunda modalidad permite que las gafas puedan ser fijadas a piercings en la nariz. Ambos diseños carecen de montura".

....

¡Bien pensado! No más problemas con los pequeños tornillos de las bisagras de las patillas.

Una versión menos drástica se muestra en la patente propiedad de Nike, en la que se describen unas gafas sin patillas fijadas por imanes que, previamente, se han pegado a las sienes.

SYSTEM FOR MAGNETICALLY ATTACHING TEMPLELESS EYEWEAR TO A PERSON
Inventores: David K. Peschel, Alexander Z. Nosler
US5719655
17-02-1998

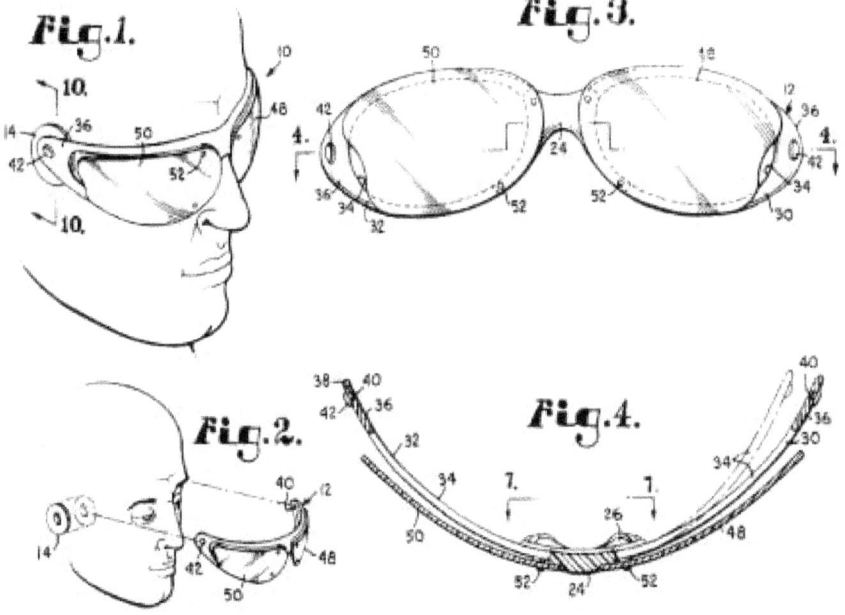

Un similar sistema de sujeción, pero para dentaduras postizas es la base del siguiente invento.

Dispositivo para retener y asentar una dentadura postiza dentro de la boca

Inventora: Luis Escoda Pérez
ES1028428 U
16-01-1995

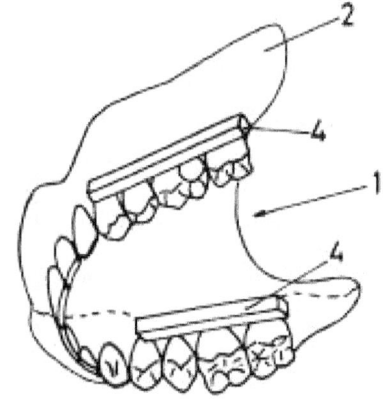

FIG. 1

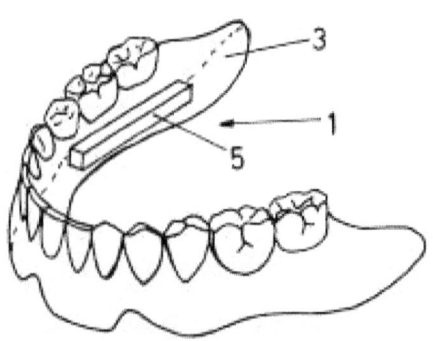

"El presente Modelo de Utilidad tiene por objeto un dispositivo que favorece la retención y el asentamiento de una dentadura postiza dentro de la boca, siendo conocidas las dos piezas que forman la dentadura postiza como completas superior e inferior.

En la actualidad el asiento y retención de las completas se realiza por medio de ventosas pero en la mayoría de las veces esto no es suficiente para conseguir una óptima fijación.

Los problemas que se derivan en este caso para la persona o usuario son muy importantes ya que las completas al no estar bien asentadas y fijadas no permiten la utilización de las mismas correctamente. Para evitar estos problemas se ha ideado el dispositivo de la invención para mejorar el asentamiento y por lo tanto para conseguir una mayor retención de las completas por medio de una fuerza provocada por la repulsión de un campo magnético creado por unos imanes enfrentados con la misma polaridad que llevan las completas.

242

Para el asentamiento, y por lo tanto para conseguir una mayor retención de la completa inferior, ésta puede ir ayudada por una fuerza exterior, fuerza que puede ser la provocada por la repulsión de un campo magnético producido por imanes de igual polaridad".

....

¡Ojo al utilizar cubiertos de acero!

Y para que siempre sepas donde está tu dentadura postiza aquí tienes la dentadura con geolocalizador.

```
DENTAL FIXTURE WITH ANTI-LOST SYSTEM
Inventor: 19 Mar 2009
Inventor: Paul Gary
US 20100238042 A1
23-09-2010
```

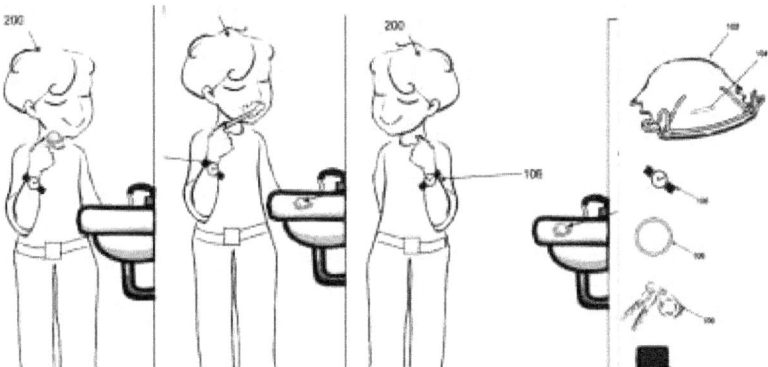

Quizá la utilidad real de estos inventos sea un tanto cuestionable, pero para invento útil, y sobre todo necesario, el que viene a continuación. Lo que mejoraría la autoestima de los pacientes si se generalizase su uso en hospitales.

Bata de hospital

Inventor: Edelgunde Hess
ES2136146 T3
16-11-1999

"Una bata, que está abierta en dirección vertical sobre el lado de la espalda, se utiliza especialmente para pacientes y personas que necesitan asistencia en hospitales y residencias de ancianos. Las dos partes de la espalda que se usen en la zona de la columna vertebral se pueden unir entre sí por medio de cintas. Cuando el paciente abandona la cama, las dos partes de la espalda de la bata se separan más o menos una de la otra, de manera que el lado trasero del cuerpo de la persona que lleva la bata está más o menos desprotegido y a la vista.

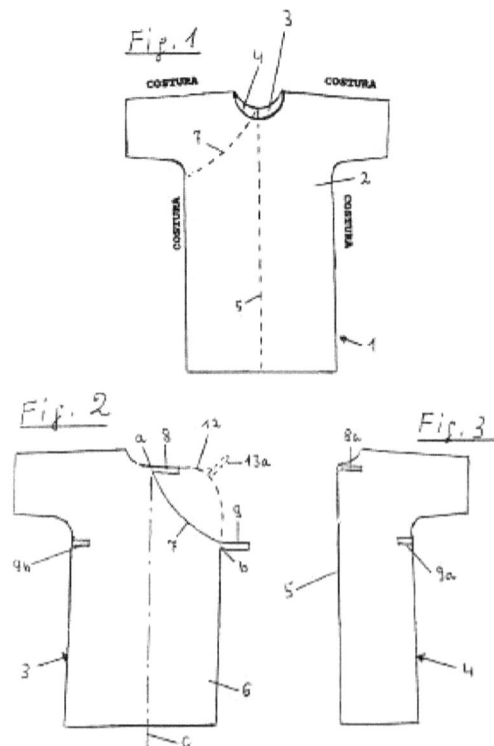

Para remediar este inconveniente, se conoce ya por el documento US4969215 proveer una de las partes de la espalda con una sobrepieza de espalda, que cubra total o parcialmente la otra sobrepieza de espalda en la dirección transversal y debe fijarse en ésta. No obstante, si la bata conocida se lleva con ranura abierta por detrás, entonces la sobrepieza de la espalda cuelga floja y con mal aspecto hacia abajo por la espalda y sirve de obstáculo para la persona que lleva la bata, especialmente cuando mantiene una posición vertical.

La invención se ha planteado el cometido de mejorar adicionalmente la bata de usos múltiples mencionada. La invención se refiere a una camisa de noche de aplicaciones múltiples, cuya parte (3,4) de la espalda está abierta en la zona de la columna vertebral discurriendo longitudinal. De acuerdo con la invención se ha previsto una parte (3) de la espalda con una parte (6) en la zona superior de la espalda, que cubre otra parte (4) en dirección transversal de la camisa de noche de forma completa o parcialmente, y que puede ser sujeta en esta parte por uno o múltiples cierres (8,8a; 9,9a; 13)".

....

Pues sí, ya está bien de ir por los hospitales con el culo al aire. Todo un invento en favor de una mejora de la dignidad de los pacientes de los hospitales.

Otro invento para usar con los pacientes de los hospitales es el que sigue.

Cápsula portátil para baño

PORTABLE BATH CAPSULE
Inventor: Frances Mignon Allen
US3677263 A
18-07-1972

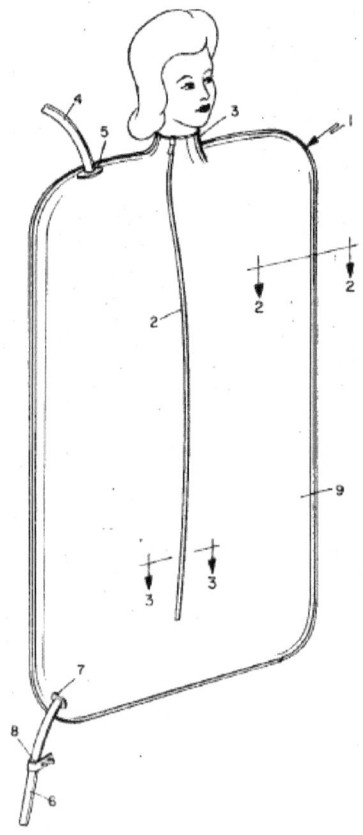

"En los hospitales y residencias de ancianos se utiliza el llamado método de esponja para el aseo de los residentes que han de permanecer en la cama. El método consiste en frotar el cuerpo del paciente con una esponja empapada en agua tibia y jabón. Esto lleva tiempo, es complicado e implica movimiento frecuente de los pacientes por parte de sus cuidadores. Hay una necesidad, por tanto, de un aparato de bajo coste que ahorre tiempo a los cuidadores.

La presente invención cubre la mencionada necesidad. Se trata esencialmente de una cápsula portátil hecha de un material estanco a los fluidos, flexible y capaz de encerrar completamente un paciente a excepción de la cabeza. Una banda elástica alrededor del cuello del paciente proporciona un sellado hermético a los fluidos. Incluye también los medios para controlar la entrada y salida de fluidos de la cápsula".

....

Interesante invento, aunque en este caso la dignidad del paciente no queda muy bien parada, ¿o sí? Bueno, no sé.

Donde no hay dudas es en la versión española que ofrece hidromasaje además del baño.

Traje perfeccionado para masaje y baño

Inventor: José Segui Carbonell
ES1032528 U
01-05-1996

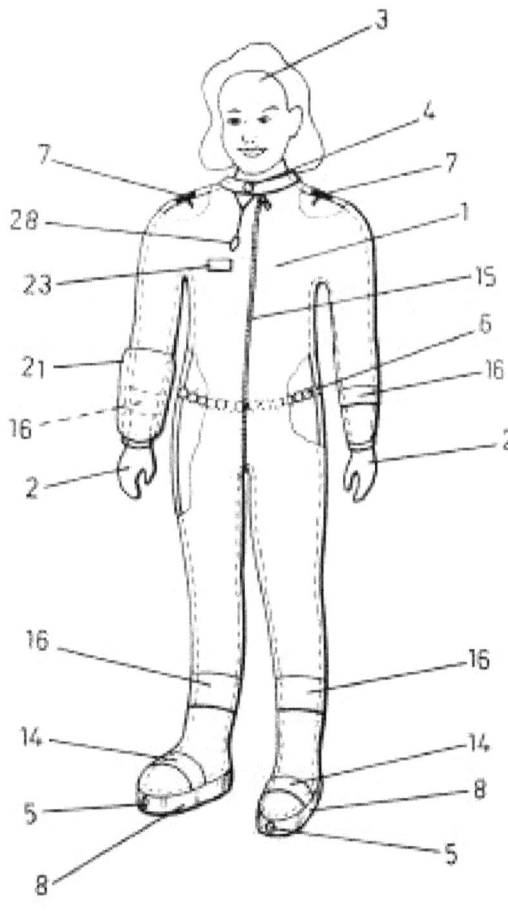

"La presente invención, tal y como se expresa en el enunciado de esta memoria descriptiva, se refiere a un traje perfeccionado para masaje y baño cuya finalidad consiste en facilitar un gran ahorro de agua en el lavado del cuerpo humano, al tiempo que se efectúa un hidromasaje sobre el mismo; todo ello mediante el movimiento de una pequeña cantidad de agua ubicada entre el traje de la invención y la piel del usuario. Dicho traje incluye además un mecanismo para efectuar cómodamente un cepillado sobre la espalda.

Otra finalidad de este traje es permitir la libertad de movimientos en el usuario mientras se realizan las referidas funciones de baño y masaje, para que éste pueda efectuar diversas tareas mientras recibe el baño".

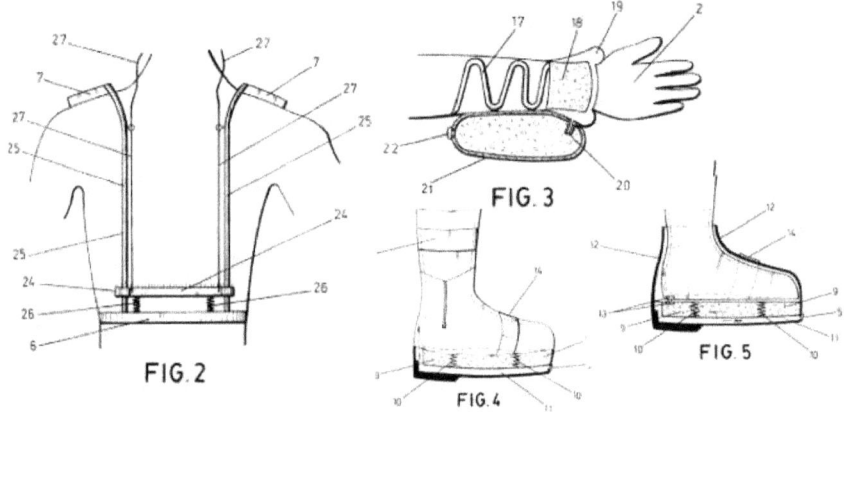

FIG. 2

FIG. 3

FIG. 4

FIG. 5

Esto sí que es elegancia y glamur. Aquí no hay duda de que la dignidad del usuario de semejante traje queda por todo lo alto.

Y a propósito de la dignidad de usuarios y clientes, la siguiente patente de Airbus en la que se propone instalar una especie de sillines de bicicleta para los pasajeros de las cabinas de los aviones, tampoco parece que haya considerado mucho este aspecto.

Asientos plegables tipo sillín de bicicleta para cabina de avión

SEATING DEVICE COMPRISING A FORWARD-FOLDABLE BACKREST
Inventor: Bernard Guering
US2014159444 A1
06-12-2014

"En el sector aeronáutico, algunas de las llamadas aerolíneas de "bajo costo" tratan de aumentar el número de pasajeros transportados en cada vuelo, y más particularmente en los enlaces de corta distancia, con el fin de maximizar el retorno sobre el uso de la aeronave. Esto conlleva un aumento en el número de asientos en la cabina. Este aumento en el número de asientos se consigue en detrimento de la comodidad de los pasajeros. En efecto, para aumentar el número de asientos de la cabina, el espacio asignado a cada pasajero debe reducirse. Sin embargo, esta comodidad reducida sigue siendo tolerable para los pasajeros en tanto que el vuelo dure sólo una o unas pocas horas.

La presente invención describe una estructura de asiento que comprende una pieza de apoyo, preferentemente un tubo, en el que se fijan, de un lado al otro, una serie de dispositivos de asiento, que pueden ser plegados mediante un movimiento de traslación circular hacia arriba y hacia delante, así como una aeronave en la que se han instalado tales dispositivos".

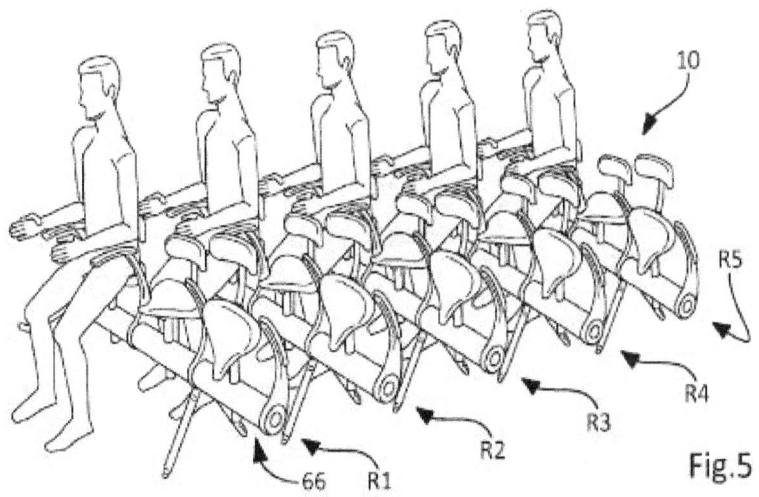

Fig.5

Yo diría que la dignidad del viajero queda "*por los suelos*" con semejante invento. Sin embargo, al inventor seguramente debió parecerle que, instalando estos asientos en los aviones, ésta quedaría "*por todo lo alto*". En fin, espero que a nadie se le ocurra instalar también unos pedales para generar energía que ahorre combustible, o algo así.

Sin embargo esta no es la única invención de los ingenieros de Airbus en la búsqueda de la cabina perfecta. He aquí algunas otras sugerentes ideas:

AIRCRAFT INCLUDING A PASSENGER CABIN EXTENDING AROUND A SPACE DEFINED OUTSIDE THE CABIN AND INSIDE THE AIRCRAFT
Inventores: Patrick Lieven, Romain Delahaye, Catalin Perju
US2014319274 A1
30-10-2014

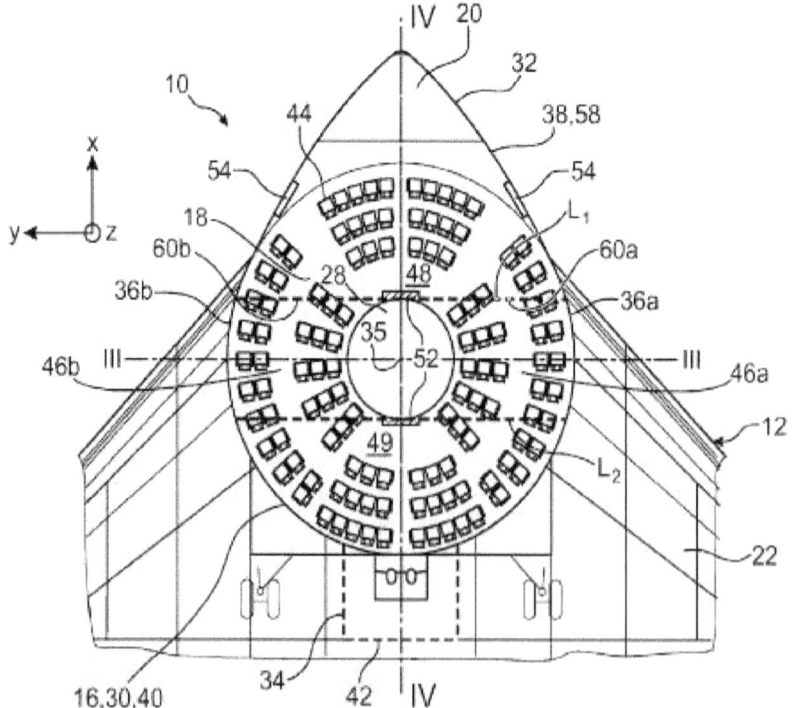

Asientos dispuestos en círculos. Ideal para jugar a las sillas musicales a 10000 metros de altura y hacer así más entretenido el viaje.

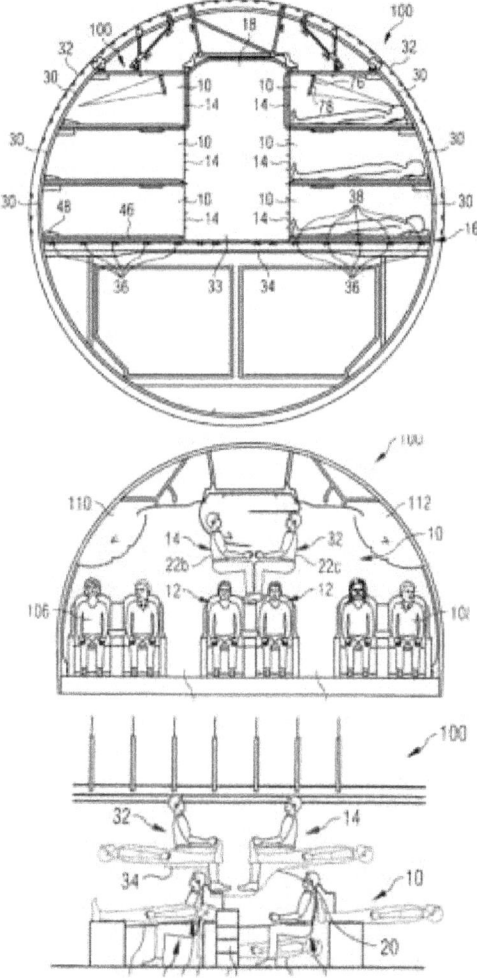

SLEEPING BOX, SLEEPING BOX ARRANGEMENT AND AIRCRAFT AREA
Inventores: Frank Roese, Carsten Putensen
US20150266581 A1
24-09-2015

Un avión-hotel no apto para claustrofóbicos.

Y en el extremo opuesto al asiento-sillín de bicicleta, un modelo en el que puedes ir sentado o tumbado. Toda una mejora en la dignidad del pasajero.

PASSENGER SEAT ARRANGEMENT FOR A VEHICLE
Inventores: Stephan Sontag, Paul Edwards, Benedikt Kircher
EP2923946 A1
30-09-2015

Pero ahondando en el tema de la dignidad, quien no debía tener mucha el autor de la siguiente patente. La favorita de los *"trols"* de patentes.

Un *"trol"* de patentes es una persona o empresa que utiliza sus patentes, por lo general compradas a terceros, para demandar a presuntos infractores de una forma agresiva y oportunista. Generalmente no existe ninguna intención de fabricar o comercializar el producto objeto de la patente.

En el colmo de la desfachatez el abogado Clive Menezes ha intentado patentar un método para, precisamente, *"trolear"* patentes.

Compra de una patente y reclamación de derechos (por parte de un no inventor). Primera parte contra segunda parte

PATENT ACQUISITION AND ASSERTION BY A (NON-INVENTOR) FIRST
PARTY AGAINST A SECOND PARTY
Inventor: Clive D. Menezes
US20080270152 A1
27-04-2007 (fecha de solicitud, aún no aprobada)

"Se describen los métodos para que una primera parte adquiera y haga valer la propiedad de patentes frente a una segunda parte. Los métodos incluyen la obtención de una participación en la propiedad de la patente. Los métodos incluyen además escribir una reclamación en el ámbito de la propiedad de la patente. La reclamación está escrita para cubrir un producto de la segunda parte donde el producto incluye un aspecto secreto. Los métodos incluyen además la presentación de la reclamación ante una oficina de patentes. A veces los métodos incluyen reclamar la infracción por la segunda parte de algunas de las reivindicaciones de la patente. A veces los métodos incluyen ofrecer la licencia de la propiedad de la patente a la segunda parte después de reclamar la propiedad de algunas de las reivindicaciones de la patente de la segunda parte. Los métodos a veces incluyen la negociación de una licencia cruzada con la segunda parte en base a la reclamación de la infracción de la patente, en virtud de la adhesión a la licencia de la primera parte se obtiene una licencia sobre el derecho de propiedad intelectual de la segunda parte. Los métodos incluyen intentar en algún momento obtener un acuerdo económico con la segunda parte basándose en la reclamación de la infracción de la patente".

....

Y es que algunos abogados cuando se ponen a escribir patentes a veces te la lían. Esto es lo que le sucedió a Mishima Atsushi Ishihara en una patente sobre un controlador de pantalla, que mandó a revisar a un abogado, quien escribió las reivindicaciones.

Lo curioso de esta patente no es la patente en sí, sino la reivindicación número 9, en la que literalmente se dice:

"El método para proporcionar pantallas de interfaz de usuario en un aparato de formación de imágenes, que es en realidad una reivindicación falsa incluida entre las reivindicaciones verdaderas, y que debe ser eliminada antes de la presentación; en la que la reivindicación se incluye para determinar si el inventor realmente ha leído las reivindicaciones y el inventor deberá instruir a los abogados para que sea eliminada".

Pero volviendo al tema de combinar patentes (una marca registrada en este caso) y demandas para hacer negocio, otro que también es digno de mención es el avispado diseñador neoyorquino Paul Ingrisano, quien registró a su nombre el símbolo π (pi).

Por cierto, pi es el acrónimo de "Patentes Increíbles" (PI). Ya sabes, pues, que significa el símbolo que aparece en la portada. ¿No? Venga, piensa un poco que con esta pista, y a poco que sepas de matemáticas, es bastante evidente.

El símbolo π (marca registrada)

Popietario: Paul Ingrisano
N° de Registro: 4473631
28-01-2014

La oficina de patentes y marcas de Estados Unidos concedió al diseñador neoyorkino Paul Ingrisano la marca comercial 4.473.631 correspondiente al símbolo π seguido de un punto.

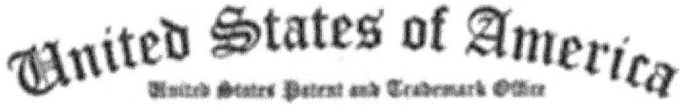

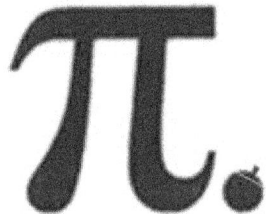

Reg. No. 4,473,631
Registered Jan. 28, 2014

Int. CL: 25

TRADEMARK

PRINCIPAL REGISTER

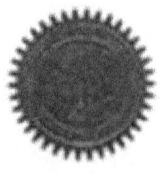

No contento con registrar π, el Sr. Ingrisano interpuso una demanda a la empresa Zazzle, dedicada al diseño personalizado de prendas de ropa y otros objetos y que incluía el símbolo π estampado en alguno de sus productos. En dicha demanda exigía, de no muy buenas maneras y obviando el hecho de que los diseños demandados no contuviesen el "*innovador*" punto, "*el cese y abandono de toda violación de los derechos de copyright*".

Nótese que para no incurrir en violación de los derechos de copyright, he modificado ligeramente la imagen anterior, añadiendo al punto una "*innovadora*" boina; resultando en una π con punto y boina, en vez del punto con la calva al descubierto diseñado por Ingrisano.

En España el "*galego*" David Blanco Rubirosa es experto en pasarse por el forro los derechos de copyright de diversas marcas comerciales, adaptándolas a sus propios y cachondos diseños que, por cierto, él también registra. Estos son algunos ejemplos.

. . . .

Típico ingenio español aderezado con "*retranca*" gallega.

Sin embargo, en esto de los inventos españoles existen también algunos mitos, como por ejemplo el de que los dos inventos españoles más representativos, consistentes ambos en añadir un palo a algo existente, son el chupa-chups y la fregona. Pues bien, resulta que el primero no es exactamente un invento y segundo es, más o menos, una adaptación de algo que ya existía.

El Chupa-Chups no es un invento y nunca se patentó como tal Chupa-Chups. De hecho es muy posible que los caramelos con palos daten del siglo XIX. En España la primera patente de un caramelo con palo se registró en 1919, mucho antes de que existiese la marca Chupa-Chups.

```
UN SISTEMA DE CONFECCIÓN DE CARAMELOS DE DIVERSOS TAMAÑOS Y
FORMAS PROVISTOS DE UNA ESPIGA O MANGO, QUE PENETRANDO
PARCIALMENTE EN LA MASA, QUEDA SÓLIDAMENTE UNIDO A ELLA,
PUDIÉNDOSE UTILIZAR EL EXTREMO LIBRE COMO COGEDOR, CON LO
QUE SE EVITA EL CONTACTO
Inventor: José Segura Martínez
ES0070454 A1
01-09-1919
```

En marzo de 1963 Enrique Bernat, fundador de la empresa Chupa-Chups, intentó registrar por primera vez un "*procedimiento para la envoltura uniforme de caramelos con mango*", que le fue denegada por falta de novedad. A partir de entonces solicitó distintos modelos de utilidad relacionados con envases expositores, asideros perfeccionados o el relleno de chicle, casi siempre con oposiciones de otros fabricantes, como la compañía americana Tootsit Roll Industries Inc. que venía fabricando cuestiones similares desde 1934.

En lo que respecta a **la fregona**, entendida como "*un conjunto compuesto por un cubo de material plástico, con un escurridor del mismo material que se acopla al cubo y un palo con un mocho con el que se friega el suelo*" es cierto que fue patentada en 1964 por el aragonés Manuel Jalón Corominas con unas características similares a las fregonas existentes en la actualidad.

```
MEJORAS EN LOS SISTEMAS ESCURRIDORES POR COMPRESIÓN
Inventor: Manuel Jalón Corominas
ES0298240 A1
16-06-1964
```

Sin embargo, existen varios inventos previos en los que, o bien se patenta una bayeta, o similar, unida a un mango, o bien sistemas para escurrir bayetas. Un ejemplo de uno de estos inventos es el patentado en 1954 por las avilesinas Julia Montousse Fargues y Julia Rodríguez-Maribona

DISPOSITIVO ACOPLABLE A TODA CLASE DE RECIPIENTES TAL COMO
BALDES, CUBOS, CALDEROS Y SIMILARES, PARA FACILITAR EL
FREGADO, LAVADO Y SECADO DE PISOS, SUELOS, PASILLOS,
ZÓCALOS Y LOCALES EN GENERAL
Inventoras: Julia Montousse Fargues y Julia Rodríguez-
Maribona
ES0034262 U
16-02-1953

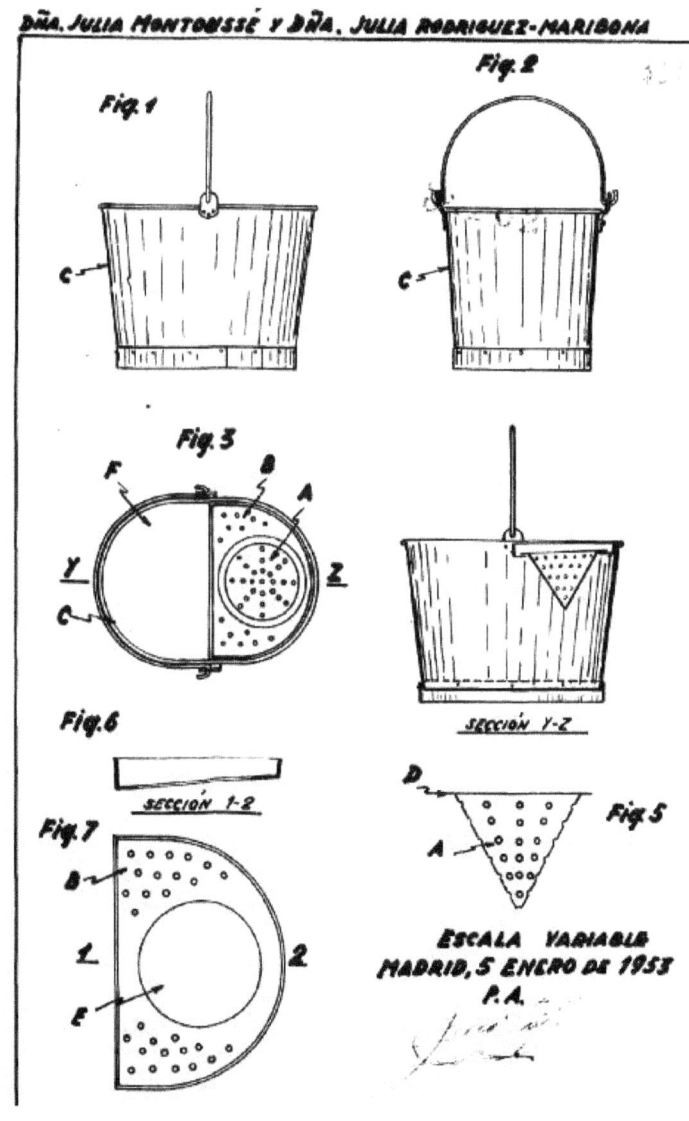

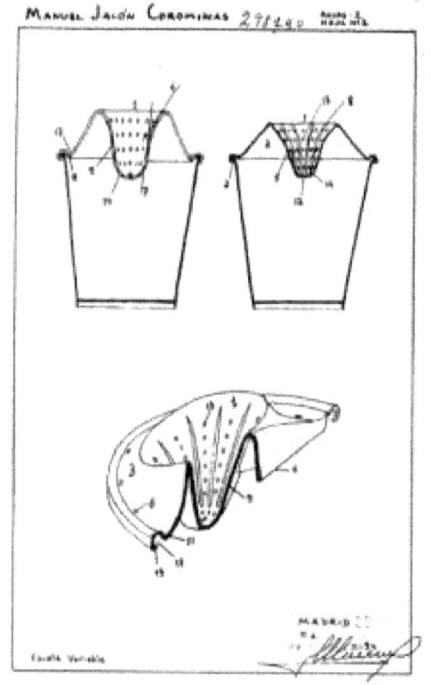
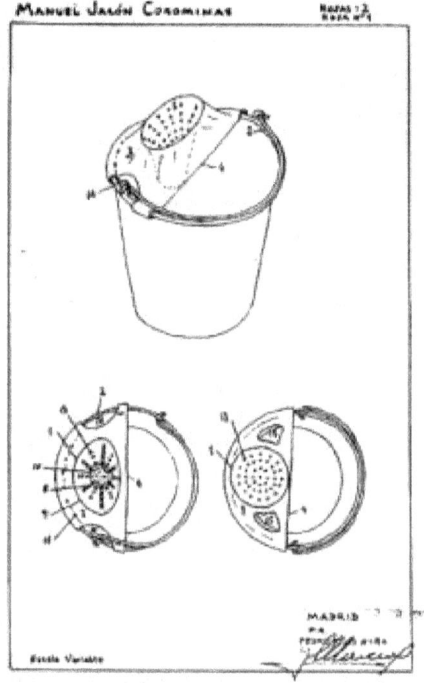

Así pues, quizá el invento del Sr. Jalón Corominas no sea más que una mejora de otros ya existentes. Sin embargo, no es este el único invento de Don Manuel y de entre sus otras invenciones cabe destacar una que es ciertamente *"increíble"*.

Huellas de pisada con leyenda de propaganda

Inventor: Manuel Jalón Corominas
ES0063203 U
16-01-1958

"El modelo objeto de esta solicitud se refiere a unas huellas de pisadas de animal racional o irracional con leyenda de propaganda, que permiten la propagación de nombres y conceptos útiles o comerciales, de una forma natural y cómoda para las personas de las que se pretende llamar la atención. Consiste, esencialmente, en una sucesión de huellas de animal racional o irracional colocadas sobre el suelo. Estas huellas de pisadas pueden simular el paso de una o varias personas o animales, o bien su concentración en un espacio. Pueden estar formadas por pedazos de papel o plástico recortados y pegados en el suelo, o constituidas de cualquier forma que resulten visibles. Pueden llevar una marca comercial, una frase publicitaria, una indicación de dirección, o una leyenda cualquiera que constituya un reclamo comercial o concepto de utilidad. La leyenda puede estar situada bien dentro o fuera del contorno de la huella, o situada entre ellas".

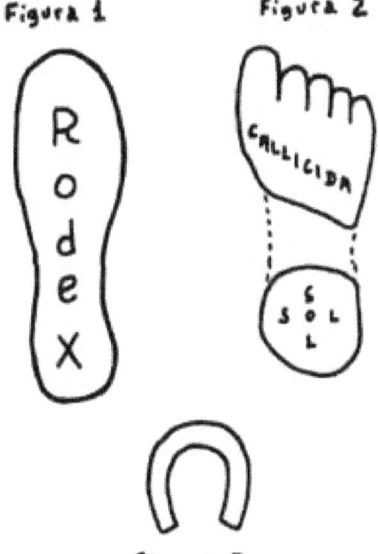

Figura 1

Figura 2

Figura 3

....

Este es un invento que pretende *"dejar huella"*; mientas que el siguiente, aunque lo pueda parecer, no pretende *"buscarle tres pies al gato"*

Panti con pernera extra

PANTYHOSE GARMENT WITH SPARE LEG PORTION
Inventoras: Annette L. Pappas, Nita A. Vaccaro
US5713081 A
03-02-1998

"Un tipo de panti que tiene tres elementos de entrepierna hechos de un material absorbente. Cada elemento de entrepierna tiene un bolsillo. Estos elementos componen una braga de la que parten tres perneras, de tal manera que cada elemento de entrepierna está situado entre dos perneras. En un uso normal, el usuario introduce sus piernas en dos de las perneras, a la manera convencional de ponerse un par de medias, mientras que la pernera no utilizada está en el bolsillo de uno de los elementos de entrepierna. En el caso de una carrera o agujero en una de las perneras en uso, ésta puede ser fácil y rápidamente retirada, colocando en su lugar la pernera de repuesto".

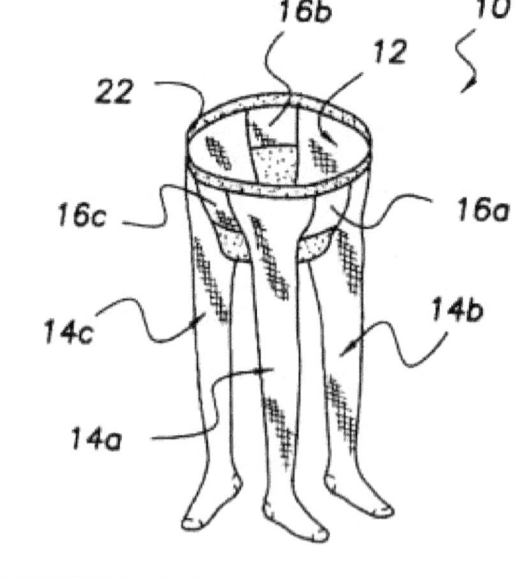

....

Ciertamente existe una ingente cantidad de patentes increíbles. Hay patentes para todo, o para casi todo, pero en algún momento hay que poner el broche final y la siguiente patente parece adecuada para tal fin.

Un broche para cierres

Inventora: María Del Carmen Martínez Alarcón Soler
ES0051200 U
01-01-1956

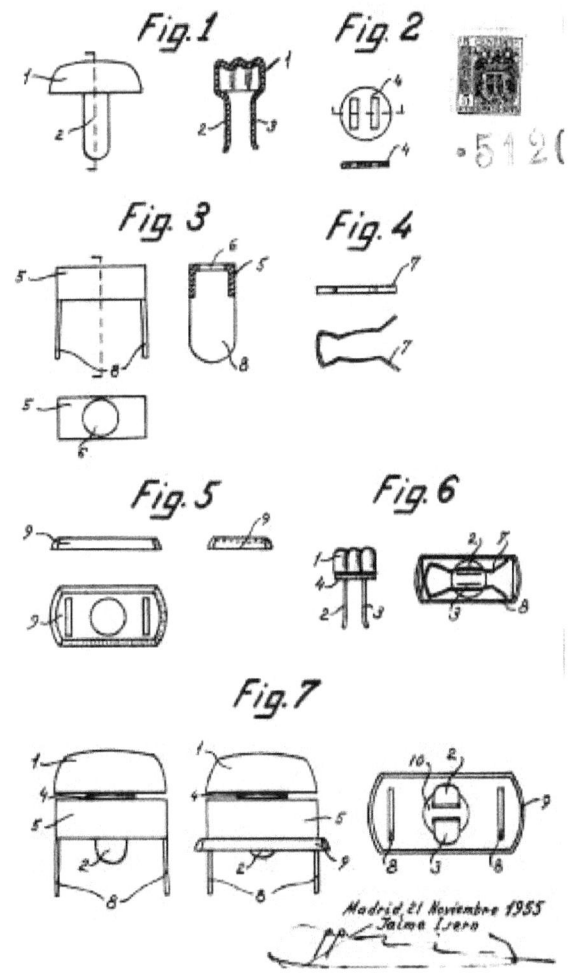

www.ingramcontent.com/pod-product-compliance
Lightning Source LLC
Chambersburg PA
CBHW051447170526
45166CB00001B/149